U0159214

在这本书中

你将追溯计算机与程序的历史

且理解量子奇异性如何改变人类未来

　　1840年，英国发明家查尔斯·巴贝奇在检查天文表时，因极其无聊而大声抱怨："我真希望这些计算是由蒸汽完成的！"于是他设想了一种可以替代人类进行无聊工作的"分析引擎"及其程序。之后工业革命的海量数据催生了机械计算机，但它与巴贝奇的设想依然有不小的距离。但在我们这个世纪，这个巴贝奇想象中的机器却可以调用量子的力量。

　　20世纪20年代，量子物理学的演绎（"测不准"原理、量子纠缠、量子叠加、量子自旋、量子极化）使物理、化学、生物等多学科得到极大突破，也加速社会发展且深刻改变了人类生活、工作和学习的方方面面。这些理论也为我们现在的生活埋下伏笔。

　　在第二次世界大战中，阿伦·图灵的"通用图灵机"理论、约翰·冯·诺依曼的计算机架构，以及巨人计算机和电子数字积分计算机的建造终于使人类逐渐走进电子计算机的时代。但在过去七十年中，电子计算机即将发展到它的摩尔极限，但量子比特的介入将指数级提升计算机的能力。

　　自上世纪90年代贝尔实验室的洛夫·格罗弗设计第一个可应用的量子算法以来，量子技术蓬勃发展："墨子号"量子卫星上天验证远距离量子纠缠、D波量子计算机的商业化……这一系列的进展都将使人类获得更加坚实的未来。

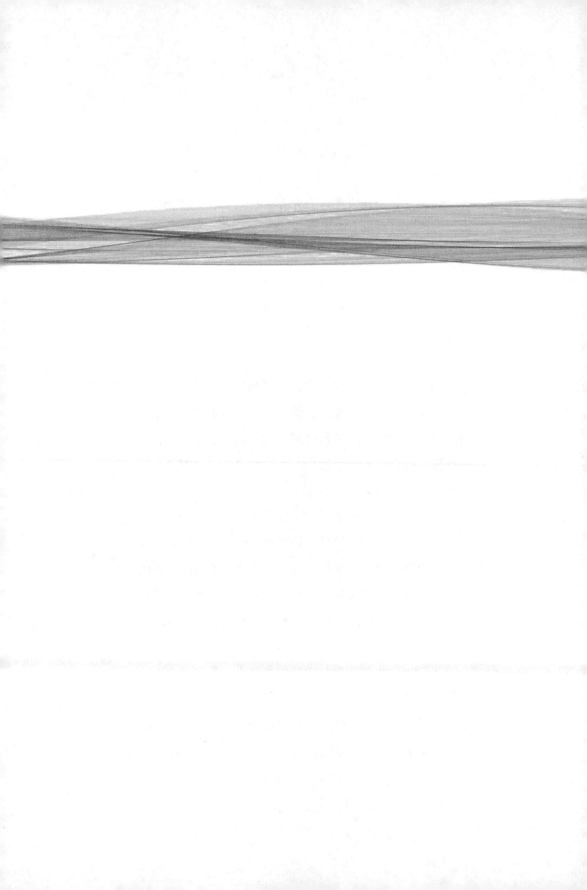

科学可以这样看丛书

QUANTUM COMPUTING
量子计算

量子比特革命的新技术

〔英〕布莱恩·克莱格（Brian Clegg） 著

伍义生　译

重庆出版集团　重庆出版社

Quantum Computing: The Transformative Technology of The Qubit Revolution by Brian Clegg
Copyright © 2022 by Brian Clegg
This edition arranged with THE MARSH AGENCY LTD
through BIG APPLE AGENCY, INC., LABUAN, MALAYSIA
Simplified Chinese edition copyright: 2022 Chongqing Publishing & Media Co., Ltd.
All rights reserved.

版贸核渝字(2022)第039号

图书在版编目(CIP)数据

量子计算 / (英) 布莱恩·克莱格著 ; 伍义生译. 一重庆 : 重庆
出版社, 2023.4
　　ISBN 978-7-229-17412-5

　　Ⅰ.①量… Ⅱ.①布… ②伍… Ⅲ.①量子计算机
Ⅳ.①TP385

中国版本图书馆 CIP 数据核字(2023)第 012304 号

量子计算
LIANGZI JISUAN
〔英〕布莱恩·克莱格(Brian Clegg) 著
伍义生　译

责任编辑:苏丰　姚迪
责任校对:杨媚
封面设计:博引传媒·邱江

重庆出版集团
重庆出版社　出版

重庆市南岸区南滨路162号1幢　邮政编码:400061　http://www.cqph.com
重庆市国丰印务有限责任公司印刷
重庆出版集团图书发行有限公司发行
全国新华书店经销

开本:710mm×1000mm　1/16　印张:8.5　字数:150千
2023年4月第1版　2023年4月第1次印刷
ISBN 978-7-229-17412-5
定价:49.80元

如有印装质量问题,请向本集团图书发行有限公司调换:023-61520678

献给

吉莉安(Gillian),切尔西(Chelsea)
和丽贝卡(Rebecca)

布莱恩·克莱格的其他著作

致谢

我要感谢图标书局（Icon Books）的团队，他们策划设计了这个系列，特别是邓肯·希斯（Duncan Heath）、罗伯特·沙曼（Robert Sharman）和安德鲁·弗洛（Andrew Furlow）。

我对计算机的兴趣始于第一次接触曼彻斯特文法学校。在那里，一位年轻的老师鼓励我们在卡片上打孔（用手），然后邮寄到伦敦的一个计算机设备上，再等待一个星期邮寄回结果。在经历了大学的复杂生活后，在两位导师约翰·卡尼（John Carney）和基思·拉普利（Keith Rapley）的指导下，我在英国航空公司再次爱上了计算机，遗憾的是他们都已去世了。正是在那里，我了解到计算机编程不仅是一件颇有趣味，而且是一件令人心烦的事情，因为它把解密与写作的挑战结合在一起。

虽然我的编码经验来自很久以前，但它依旧帮助我欣赏那些试图利用量子能力进行新计算机革命的人，欣赏他们在解决许多问题时的独创性。

目录

量子（quantum）

量子是在自然界物理限制下可以存在的最小物理量，这意味着自然界中的变化只能以这样的单位进行。它描述了构成光和物质的粒子的属性，而这些粒子的行为与我们熟悉的物体完全不同，其行为核心是概率。量子这个词源自后古典拉丁语"quantum"，意为数量、量或确定的数量。

计算（computing）

计算或计数的动作或示例，自20世纪以来被用于机械计算，特别是电子计算机。计算这个词源自拉丁语"computare"，意为计算、统计、估计或合计。

量子计算（quantum computing）

通过利用量子粒子（如光子或电子）特殊性质的设备进行的计算，其执行某些计算的速度比传统计算要快得多。

第一章　幽灵引擎的说明

计量算子 程序一：1843年

1840年，英国发明家和学者查尔斯·巴贝奇（Charles Babbage）在都灵做了几次演讲，他的主题是一种尚未建成的设备——分析引擎。巴贝奇出生于1791年，从他的父亲，一位金匠兼银行家那里继承了足够多的遗产，他从来不需要从事有报酬的工作。他喜欢沙龙式的社交生活，也喜欢自己的工作。据说，他探索机械计算方法的灵感是出自帮助他的朋友、天文学家约翰·赫歇尔（John Herschel）检查天文表。这一经历极其乏味，据说巴贝奇大声地喊道："我真希望这些计算是由蒸汽完成的！"

如果分析引擎真的建成了，它可能是世界上第一台现代意义上的计算机。巴贝奇一直在为赫歇尔扮演计算机的角色——也就是承担计算任务。"计算"这个术语至少可以追溯到17世纪——只是在20世纪中叶，这个术语才从人类转移到机器身上。分析引擎完全是机械的，它的目的

1

是在穿孔卡片上保存它自身的数据和程序①，而这些卡片是根据在提花丝织机上所生产的复杂图案而设计的。这个分析引擎与其未建成的前身（巴贝奇从未完成的）差分机不同，差分机处理数据的指令是内置在机器中的，分析机的指令可以根据需求变化。

两年后，一位不太重要的意大利军事工程师费德里科·路易吉（Federico Luigi）即梅纳布雷亚伯爵（Conte Menabrea，后来他出人意料地成为意大利总理）发表了一篇令人印象深刻的国际性的文章。这是一篇关于巴贝奇在都灵讲座的评论文章，用法语发表在瑞士出版物《日内瓦世界图书馆》（*Bibliothèque Universelle de Genève*）上。如果只有这篇回忆录，那本期刊无疑会迅速消失在默默无闻之中。然而，在1843年，它被洛芙莱斯伯爵夫人（Countess of Lovelace）艾达·金（Ada King）翻译成英文。事实上，最初的"翻译"文本与最终呈现的文本相比明显薄弱，因为金添加了丰富的注释，使文章的长度增加了三倍，她推测了未构建的分析引擎的未来用途，并用这份文件描述了如何用它来为多项任务编制程序。

正是由于这份文件，通常被称为金的洛芙莱斯伯爵夫人获得了"世界上第一个计算机程序员"的声誉。毫无疑问，洛芙莱斯伯爵夫人成功地将分析引擎的潜力带给了更广泛的受众，尽管在多大程度上她是第一个程序员一直有争议。可以肯定的是，能运行这些指令的机器从未被制造出来——实际上，它不可能在当时的机械公差下被制造出来。因此，严格地说，这份文件包含了反映分析引擎结构的表格形式的算法，而不是现代意义上的计算机程序。

算法是结构化的指令，可以是沏一杯茶所需的一系列动作，也可以

---

①对于那些坚持英式英语拼写的人来说，应该注意的是程序（programe）的全球标准拼写是美式的，而非"programme"。

是解决数学问题的复杂数据操作。算法的执行可以不需要任何计算机，甚至手工操作，但也可以像这里的例子一样，通过与计算机体系结构非常匹配的方式构建。

不幸的是，在树立以往优秀女性榜样的强烈愿望下，洛夫莱斯伯爵夫人的贡献被夸大了。洛夫莱斯伯爵夫人是诗人拜伦勋爵（Lord Byron）和安娜贝拉·米尔班克（Annabella Milbanke）的女儿。小时候，洛夫莱斯伯爵夫人的母亲鼓励她学习数学。她经常被称为数学家，但更准确的说法是她是一名本科水平的数学系学生。从巴贝奇和洛夫莱斯伯爵夫人之间的往来信件来看，洛夫莱斯伯爵夫人添加到梅纳布雷亚作品中的注释受到了巴贝奇的强烈影响，这一点已经得到了很好的证实。我们甚至知道洛芙莱斯伯爵夫人不是第一个把算法当成程序的人。这是因为，正如科学技术史学家托尼·克里斯蒂（Thony Christie）指出的：

在艾达翻译的《梅纳布雷亚回忆录》（*Menabrea Memoir*）中所包含的分析引擎的程序示例，巴贝奇已经用来说明他在都灵的演讲，而且实际上它是在几年前开发的。在其注释中包含了巴贝奇提供给作者的更多例子。为注释开发的唯一一个新的程序示例是计算所谓的"伯努利数"（Bernoulli Numbers）的程序。

我们确实知道，巴贝奇在他的讲座中描述了算法。如果分析引擎建成的话，这些算法可以成为它的程序。通常，对于这样的全新技术，我们必须等待某种原型机被构建出来，然后才能确定相应的性能。但是，值得注意的是，分析引擎的算法清楚地显示了其具有的非凡能力。如果它被制造出来的话，可以立即运行，而不是等待程序被开发出来。

描绘在当时不可能构建的分析引擎上运行的算法是了不起的。这样的事情发生两次着实令人惊讶。在洛芙莱斯伯爵夫人的译注出版153年后，一个非常相似的事件将会上演。这一次，那个想象中的引擎将调用量子的力量。

计量算子 程序二：1996年

到1996年为止，电子计算机已成为政府和商业机构的一部分几十年了，并且在家庭中变得相对普遍，它在1980年代从发烧友的"玩具"领域进入了商业产品领域。与分析引擎不同，电子计算机太过复杂，无法由一个人来设计程序——尽管一些早期的程序是个人的工作，但更多的是由团队完成的。

尽管电子计算机背后的基本概念将继续发展，这些设备在未来几十年后将继续变得更加强大，但到了1990年代，科学家们已经意识到电子计算机工作方式的局限性。而在1996年这一关键日期之前的15年，物理学家理查德·费曼（Richard Feynman）曾推测未来将出现这样一种计算机，其中的基本操作单元不是传统的比特（仅限于保存0或1的值），而是一种基于光子或电子等量子粒子的"量子比特"，这些量子粒子可以处于具有潜在的无限组可能性的中间状态。

到了1990年代，一些团队开始思考或尝试构建这样的量子计算机。他们面临着巨大的挑战。1996年，操纵单个量子粒子的能力还处于起步阶段。建造量子计算机所需的技术完全不切实际。然而，就像分析引擎的算法一样，为量子计算机设计一种算法被证明是可能的，如果这些机器能够工作，它们可能会彻底改变数据搜索业务——计算机业务的核心任务。

这种特殊的量子算法是由当时在美国贝尔实验室工作的洛夫·格罗弗（Lov Grover）设计的。格罗弗1961年出生于印度的北部城市鲁尔基。

他的初衷是成为一名电气工程师——这或许不是令人惊讶的雄心壮志。他生活在亚洲第一家专业技术机构的所在地①。该机构成立于19世纪40年代，旨在提供工程培训。然而，格罗弗并没有就读于鲁尔基大学（现在的印度鲁尔基理工学院），而是就读于印度德里理工学院。

当格罗弗移民到美国时，他的目标仍然是从事电气工程，但是到了1985年，当他在斯坦福大学获得该学科的博士学位时，他对物理学中的量子应用产生了兴趣。他的博士研究涉及一种代表量子世界奇特现象的设备——激光器。当他加入贝尔实验室时，正是量子物理学引导了他的思维。

当时，贝尔实验室是美国电话电报通信公司（AT&T）的研究部门，与今天的谷歌或苹果等现代科技巨头的研究部门并无不同。实验室的研究人员被给予了很大程度的探索新想法的自由，公司因此在计算领域获得了巨大的发展。例如，正是在贝尔实验室，约翰·巴丁（John Bardeen）和沃尔特·布拉顿（Walter Brattain）在威廉·肖克利（William Shockley）的指导下发明了晶体管；在1970年代，贝尔实验室负责开发UNIX和C编程语言，UNIX是许多计算机的核心操作系统，C编程语言及其衍生产品仍然主导着传统计算机编程的世界。

当格罗弗加入贝尔实验室时，他的开发量子计算机算法的想法已经形成，他的第一个设计诞生在1994年。格罗弗在贝尔实验室自由地进行他所描述的"前瞻性研究"（这种风气仍然存在），他几乎立即设计出了他的量子计算搜索算法。后来在《物理评论快报》（*Physics Review Letters*）上他发表了新观点，且称之为"量子力学有助于大海捞针"。理论上，他的想法可以改变搜索行业。

---

①印度鲁尔基理工学院的前身汤姆逊工程学院建立于1847年，是亚洲最早的土木工程学院。

当时，我们现在所知的搜索引擎①还处于起步阶段。在此之前，如果你是互联网的早期使用者，如果想利用万维网，你可以使用一个精选的链接列表——一种手动索引。1996年领先的搜索引擎是 Alta Vista，仅在这一年之前开始运营。谷歌在1996年将其作为一个研究项目开始了它的生命。尽管搜索引擎本身是一个新事物，但几十年来，数据库一直是许多计算的核心——快速查找和检索数据的需求是许多商业计算机发展的驱动力，任何可以加快这一过程的东西显然都是有吸引力的。格罗弗意识到，有了量子计算机，他不仅可以加快搜索速度，还可以增强搜索能力。

我们可以把数据库想象成电子版的卡片索引。每个数据库由一组记录组成，一条记录相当于一张卡。为了找到记录，数据库被编入索引。在卡片索引中，只需将卡片按标题的字母顺序排列即可——但电子数据库可以有多个索引，使其能够根据卡片上的全部数据有效地对卡片进行重新排序。例如，你可以通过姓名、电话号码、电子邮件、地址或购买情况来查找客户。

为了完成这项任务，数据库有一些巧妙的变通方法，可以更快地找到不以有序方式存储的信息，而不是简单地逐项搜索，直到找到正确的记录。对于谷歌搜索引擎来说，情况也是如此。每当我们输入一个查询时，指望谷歌浏览网络的全部内容是荒谬的，因为网络上有超过10亿个网站，其中一些本身内容就很庞大。据谷歌称，仅它的索引大小就超过了10^{17}字节，并且一直在增长。搜索像网络这样的非结构化数据是一场噩梦。

要想对处理非结构化数据的问题有所了解，可以想想老式的电话

---

① "搜索引擎"是现代生活的一部分，以至于我们容易忘记在这样的环境中对"引擎"的错误使用是有意引用巴贝奇的"引擎"。

簿——一个电话号码的列表，按照它们对应的人或企业的名字排序。因此，给定名称，你可以快速找到正确的条目并找出电话号码。但是，假设你有电话号码，并希望找到相应的姓名。反过来进行搜索将是一场噩梦。你必须依次查看每个条目，检查是否找到匹配项。例如，如果你的电话簿有100万个条目，平均来说，你需要查看其中的50万个条目才能找到正确的。如果你非常幸运，这可能是你检查的第一个条目，但如果你运气不好，你可能需要检查每一个条目。

　　如果你认为在线查找一条信息（如电话号码）是多么容易，请记住，这只是因为有人已经为你做了艰苦的工作并对信息进行了索引，有效地将它从一个非结构化的数据集合转变为可以对条目的任何部分进行排序的电话簿。但是如果格罗弗的算法在量子计算机上运行，事情将会完全不同。格罗弗的算法不是潜在地遍历整个列表，而是保证通过最大尝试次数（即条目数的平方根）来获得你想要的结果——在百万条目电话簿中最多尝试1000次。该算法的能力比逐项搜索要快得多。这仅仅是个开始——正如我们将在后面发现的，格罗弗在2000年提出了另一种量子计算算法，使模糊搜索成为可能，这是一个全新的算法。

　　毫不奇怪，谷歌现在是量子计算技术的最大投资者之一。仅这样一个算法就可能对它的业务产生巨大影响——而且这不是量子计算机远远胜过传统计算机的唯一之处。尽管许多大学正在进行大量的量子计算机和量子算法开发工作，但谷歌和IBM（某种意义上的数据库专家）可能是最大的玩家。

　　在我们深入研究量子算法的工作原理，以及了解格罗弗的算法如何执行这种惊人的高速搜索之前，或者，就此而言，在说明另一种早期的量子算法——彼得·秀尔（Peter Shor）的质因数分解算法——如何使当前的互联网安全失效之前，我们需要后退几步。我们大多数人每天都在使用电脑，却对电脑内部的情况一无所知。为了提供必要的背景知识，接下来的两章将介绍计算机硬件和计算机算法以及相关程序的工作原理。实际上，这为我们提供了传统电脑的工具包，你可能会把它像智能手机一样放在桌子上或口袋里。

然后，我们需要了解量子物理学的发展，特别是量子计算机与传统电子计算机（它本身就是一种量子设备）的运行方式有何不同。最后，我们可以看到量子算法的能力，为什么要花这么长时间才能得到一台可行的量子计算机，以及它在未来可以为我们做什么。

那么，让我们从查尔斯·巴贝奇和洛芙莱斯伯爵夫人停下来的地方——计算机本身的发明开始。

第二章 一比特一比特地创造世界

　　巴贝奇关于分析引擎的想法，加之在《梅纳布雷亚回忆录》中描述的编程的可能性，足以激励其他人建造计算机，这似乎是完全合理的。然而，巴贝奇作为"计算之父"的通常形象就像洛夫莱斯伯爵夫人被认为是第一个程序员一样被过分浪漫化了。事实上，分析引擎是个新奇的概念，在实践中无法实现，它对现实生活的影响并不比赫伯特·乔治·威尔斯（H. G. Wells）小说《世界之战》（*The War of the Worlds*）中的热射线对武器发展的影响大。

　　如果说有什么不同的话，在通往现代计算机的道路上我们要回过头来看看美国发明家赫尔曼·霍尔瑞斯（Herman Hollerith）为1890年美国人口普查提供的技术帮助。由于人口增长以及可收集的信息比第一次人口普查多得多，处理数据需要的时间越来越长。管理人员花了整整八年时间来收集和整理1880年人口普查的数据——他们担心，用不了多久，处理这些数据的时间就会超过两次人口普查之间的十年间隔。

　　尽管霍尔瑞斯保存的数据比巴贝奇预想的要多得多，但像巴贝奇的分析引擎一样，霍尔瑞斯发明的制表机也使用穿孔卡片——上面有数字位置网格的矩形卡片。霍尔瑞斯最早使用的卡片不是印刷的，但很快就有了数字网格以便于手动检查。第一批卡片被分成12行24列。随着时间的推移，填充的列的数量增加了，部分从圆形孔改变为狭窄的矩形孔，直到它们达到80列的标准。尽管最初尺寸不一致，但这些卡片最终

的尺寸是长 $7\frac{3}{8}$ 英寸，宽3英寸，显然是基于纸币的大小。

工作人员需要在一些可用的位置上打孔以记录数据。尽管最初，大部分打孔是手工完成的，但最终复杂的类似打字机的卡片打孔机被开发出来。这种卡片对1860年代和1870年代早期从事计算机工作的任何人来说都是非常熟悉的，当时信息仍然通过一套可以包含数千张卡片的卡片组输入计算机。为了纪念这位发明家，卡片上的一条线被称为"霍尔瑞斯线"。

霍尔瑞斯制表机和后来使用这种卡片的计算机有一个根本的区别。取决于打孔的位置，霍尔瑞斯制表机只提供两种功能——计数和分类卡片。与分析引擎或20世纪的计算机不同，其算法——做什么的逻辑——固定在机器的结构中，因此，分析引擎的前景出现了巨大的倒退。例如，霍尔瑞斯制表机中的卡片可以用来计算某个城市某个年龄段的孩子的数量，或者按字母顺序提供一个名单，但是没有我们（和巴贝奇）所期望的灵活性。

然而，在当时，霍尔瑞斯制表机的相对简单性可能是一种好处。这些卡片和机器被证明是一个巨大的成功。人口普查的数据问题解决了，很快这一数据处理革命就应用于所有的企业、政府部门和大学。霍尔瑞斯的制表机公司后来与其他三家公司联合，成为更知名的国际商业机器公司，后来演变成IBM。但是真正的计算机，从分析引擎的意义上来说的计算机，直到第二次世界大战结束才成为现实。

计量算子 图灵通用机

机械计算机只能到此为止，尽管工程师有了更好的方法让极其精细的齿轮设计达到巴贝奇设想所需的严格公差，而且霍尔瑞斯制表机逐渐增加了分类和重新排列的新方法，但要达到巴贝奇所设想的灵活性，还需要更巧妙的方法。机械计算机继续使用到20世纪60年代，但正是电子技术的提升才使真正灵活的计算机从梦想变成了现实。

关于第一台真正可编程的电子计算机是在哪里建造的，有相当多的争议。1943年为英国布莱奇利公园（Bletchley Park）密码破译者建造的巨人计算机（Colossus）和1945年美国为弹道计算开发的电子数字积分计算机（ENIAC，Electronic Numerical Integrator and Computer），由于两者之间的技术差异，都有合理的权利要求此殊荣。在此向前迈出的重要一步是，电子计算机的前身——机械计算机的移动部件，即齿轮（或后来的机电开关）受到要在足够小的空间内执行足够多操作的物理限制，因而Colossus和ENIAC利用电子设备的能力，将其移动部件电子化，实现了令人印象深刻的小型化。

这并不是说早期的电子计算机都很紧凑——恰恰相反。尽管早期的电子计算机只有现在最基本手机的一小部分功能，但它们通常占据一个大房间，并依赖于称为"阀门"的电子设备（在美国被称为"真空管"），这些电子设备转换或放大电信号，以执行计算所需的基本功能。然而，它们所依赖的大部分理论是在这些电子设备被创造出来之前，由两位杰出人士——英国的艾伦·图灵（Alan Turing）和美国的约翰·冯·诺依曼（John von Neumann）提出的。

图灵1912年出生于伦敦，在剑桥大学接受教育，在回到英国之前在普林斯顿大学获得博士学位。回到剑桥后不久，他就加入了位于布莱奇利公园的英国密码破解中心。在很长一段时间里，图灵只是英国历史上一个隐蔽的人物。在战后很长一段时间内，这个"公园"的存在一直是保密的，这是出于对布莱奇利公园安全的考虑，以及英国当权派对图灵同性恋反应的综合结果。图灵是战时英雄，现在被公认为20世纪最伟大的人物之一。

人们常说，图灵自杀是他受到虐待的结果。然而，这纯粹是对一次糟糕调查的推测。事实上，当时所有的证据都表明，图灵死前不久的精神状态良好，并已从之前受到的化学虐待中恢复过来。图灵死于氰化物中毒，享年41岁。有人认为这是由于他吃了一个故意放毒的苹果，这个想法可能是受迪士尼电影《白雪公主和七个小矮人》的启发。然而，令人震惊的是，在他床边发现的苹果从未被检测过是否有毒。而且，在他去世的时候，图灵一直在他卧室隔壁的一个房间里做实验，这个房间可能散发出过氰化氢气体。现在，许多人都认为他的死亡是一场悲剧。

图灵在20世纪40年代末帮助建造"曼彻斯特婴儿"（Manchester Baby）计算机，这是第一台存储程序计算机[1]，但他对计算（以及量子计算）的最重要贡献要早得多，在1936年，他写了一篇题为《论可计算数及其在决策问题中的应用》（On Computable Numbers with an Application to the Entscheidungs Problem）的论文。在某种程度上，该论文旨在解决决策问题，这是一个来自20世纪20年代的数学挑战，它询问是否可能存在一种机制，能够在给定一组公理的情况下，决定任何数学陈述是否普遍有效。

公理为数学提供了基础。它们是不需要证明的基本假设，没有它们就不可能有数学。一些例子来自欧几里得几何，如"从一点到任何其他点可以画一条直线"，或集合论的例子，这些是所有算术工作所必需的。大约于图灵在他的论文中使用不同方法的同时，数学家阿隆佐·邱奇（Alonzo Church）设计了一个决策问题的数学解决方案。两人都认为不可能有这样的机制——但图灵的方法具有更广泛的适用性，因为他看待

---

[1]存储程序计算机是在电子内存中保存其程序的计算机，而不是像最初的电子计算机，如Colossus和ENIAC那样，使用开关或插板来设置程序。

问题的方式涉及使用一台想象中的"计算机器"。

这个想象中的设备（实际上不可能制造出来），一点也不像我们现在所熟知的计算机，它被称为通用图灵机，因为它能够承担计算机可以执行的任何任务，尽管它的结构非常简单。诚然，即使是最简单的计算任务，由它执行起来也会慢得令人痛苦，但只要有足够的时间，还是可以完成的。

图灵的假想机器由三个主要部分组成。第一个是一条无限长的"带子"（他把它描述为"纸的类似物"），它被分成图灵称之为"方块"的小部件，每个"方块"可以是空白的，也可以包含一个符号。第二部分是读写磁头，它可以在磁带上移动，每次移动一格，可以读取符号、写入符号或擦除符号。最后，还有一个包含一组规则的控制器。这些规则不是要执行的计算机程序，而是我们现在所说的操作系统——它们指导"大脑"如何根据它所读或写的内容进行操作，并告诉它如何开始和结束一次运行。

机器在"方块"中写入的（或从中读取的）可以是0或1形式的数据，也可以是指令代码，它可以指示机器擦除一个值、向右移动一个值、读取一个值并根据该值向左或向右移动。这就是磁带保存数据和程序的方式——对通用图灵机来说必不可少。请注意，磁带上的数据和程序是没有区别的——只要我们想达到预期的结果，它们可以混合在一起。此外，磁带不必从空白开始（事实上，如果这样做的话，所能达到的效果很小）——当运行开始时，初始数据和指令已经打印在磁带上了。

有了这个非常小的可能性的集合，任何可以计算的东西都可以被计算出来。当然，这不是你的计算机内部发生的事情（更不用说你的手机了）——但任何通过计算机内部工作实现的结果都可以通过通用图灵机生成。①

因为这台机器是一台存储程序的计算机,具有无限的容量(记住,我们需要多长磁带就有多长)。机器可以根据从磁带上读出的信息做出不同的反应。磁带保存进入操作的数据,然后输出结果数据,但关键是它还可以保存程序——这些程序是产生特定结果的基本操作的特定组合。就像用于构建巴贝奇分析引擎算法的表格一样,这些程序是以一种特别适合通用图灵机工作方式的形式编写的算法。

图灵的理论是大多数现代计算机的基础,包括"曼彻斯特婴儿"计算机。但是理论还不足以让计算机工作,计算机另一个重要的基础将来自大西洋的另一边。

计量子 计算的建筑师

约翰·冯·诺依曼于1903年出生在布达佩斯,在这个地方他被证明为一个数学天才,有人说他在六岁时就能心算出一个八位数除以另一个八位数。他同时获得了瑞士联邦理工学院的化学工程学士学位和布达佩斯彼得·帕兹曼尼大学(Pázmány Péter University)的数学博士学位。在苏黎世学习了几年后,他接受了新泽西州高等研究院的终身教授职位。正是由于他在新泽西的工作,他成为了曼哈顿计划中制造核武器的数学方面的领军人物。

第二次世界大战后,冯·诺依曼大量参与计算研究,为早期的

---

①通用图灵机本身不能从键盘接受输入,也不能在屏幕上显示其计算结果。我们必须先把信息送到磁带上,然后必须有设备把它的结果转换成可见的形式。每一台真正的计算机都有特定的输入和输出控制器来处理这个问题。但是通用图灵机能提供任何物理计算机所有的核心计算功能。

EDVAC[①]（Electronic Discrete Variable Automatic Computer）设计了一种排序算法，并提出了生成伪随机数的机制。随机数对于现实生活中的许多计算机模拟都很重要，也是以赌场命名的蒙特卡罗方法的核心。冯·诺依曼开发了这个程序来帮助核武器研究，但它也被用于许多试图反映真实世界的不同算法中。例如，当研究人员试图弄清楚队列是如何形成时，他们会重复运行一个程序，以便从与现实生活典型事件相匹配的分布中随机选择到达时间。

由于计算机的属性，它无法产生真正的随机数——给定完全相同的起点，它将总是产生相同的结果，而随机性从定义上来说是不可预测的。但是伪随机数给出了随机的合理近似值，从一天中的时间选择"种子"或起始值，并通过一个公式进行运算，输入的变化很小，结果却相差很大。[②]

然而，对计算机未来最重要的是冯·诺依曼设计了一种实用的物理架构，可以实现通用图灵机存储程序的概念。冯·诺依曼的工作基于早期ENIAC使用的方法，但使其更加通用和广泛适用。这里的"体系结构"一词与该词在普通英语中的用法并不完全相同。计算机的体系结构与其说是描述建筑环境本身，不如说更像是建筑师的图纸：完成项目的概念结构，不仅有硬件（如本例所示），还有在该硬件上运行的计算机软件。

冯·诺依曼的计算机架构设计的核心是在选择个人计算机或手机时出现的两个熟悉的项目：中央处理器（CPU）和内存单元。它们对应于通用图灵机中磁带和读写头的组合。顾名思义，内存单元记住数据和存储的程序，而CPU基于由程序触发的内置指令（所谓的"指令集"）处

---

①EDVAC是ENIAC的继任者。尽管仍然基于真空管，但它因两大改进，成为了真正的存储程序计算机，以及使用二进制而不是十进制数值。

②我们将在本书第66—68页找到更多关于蒙特卡罗方法以及伪随机数与实际随机数的信息，因为它们在量子计算机应用中非常重要。

理数据。冯·诺依曼的CPU被一分为二，即控制单元——它告诉计算机的其他部分做什么，并计时以确保运算以正确的顺序执行，以及处理基本函数和逻辑运算的算术/逻辑单元。

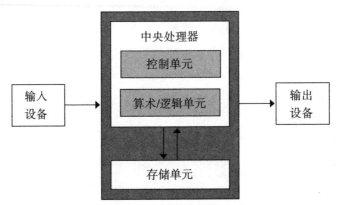

简单的冯·诺依曼计算机架构

为了完成他的设计，冯·诺依曼引入了两个非常宽泛的概念：输入设备，数据和程序通过它进入内存；输出设备，计算过程中产生的结果通过它呈现给用户。最初，输入设备可能是穿孔卡片或纸带，而输出设备可能是纸带或打印输出装置。现在，我们更习惯于通过键盘、鼠标和触摸屏进行输入，而输出主要是显示在屏幕上，只有选定的信息才会打印出来。

随着时间的推移，所有种类的附加元素都被添加到架构中。例如，浮点单元，用于处理所谓的"浮点数"，有效地逼近具有小数位的实数，如8.1258727…；用于处理图形所需的图形处理单元或GPU。通常，CPU将专业计算交给这些独立的单元，这些单元完成必要的工作，然后将结果返回给CPU。正如我们将看到的，未来的量子计算也将扮演类似的角色。

冯·诺依曼没有考虑的另一个重要的架构部分是"总线"，它实际上是指一组允许数据从计算机的一个部分流向另一个部分的电线，或者在外部世界和计算机内部工作之间传输数据，例如，我们现在非常熟悉的外部总线类型——USB（通用串行总线）等，但连接不同模块的内部总线更为重要。

最后，我们现在倾向于拥有一个更大容量的内存扩展，它被称为存储器，以保存除在内存处理计算中立即需要之外的数据。最初，经常使用的是磁带（这就是为什么早期展示计算机的电影总是倾向于让磁带转来转去）。现在，存储通常由磁盘或专门的存储器提供，当电源关闭时不会丢失其数据。这些数据可以在计算机运行期间保存，或者存档以备将来使用。然而，冯·诺依曼架构基础仍然是你的笔记本电脑、平板或手机的物理核心。

计量算子 位和字节

为了进一步了解量子计算机的不同和特殊之处，我们需要放大硬件的两个特定部分——计算机的工作内存以及在CPU内被称为"门"的微小结构。正如我们已经发现，存储器很像通用图灵机的磁带——一个可以存储、检索和修改信息的地方。不过，有一个微妙的区别——与通用图灵机磁带上的"方块"可以包含一条完整的指令不同，计算机内存的每个部分只能容纳一个值，0或1。这种"二进制"的性质嵌入在我们熟悉的词语"比特（bit）"中，它是"二进制数字"的缩写。

你可以把内存芯片想象成一系列的小盒子，每个盒子可以是空的（0），也可以有一个标记（1）。当然，在实践中，计算机的存储器不是由一系列盒子组成的。这是一种电子设备，在现代计算机中，它基于所谓的位于芯片硅晶片上的金属-氧化物半导体场效应晶体管（MOSFET）。

其每一位都是一个小电路，通常由一个或多个晶体管和一个电容器组合而成来控制其数值。电容器是一种既可以保持电荷用来表示1，也可以不保持电荷用来表示0的元件。

然后，这些位被组合成称为"字"的小集合，每个字都有一个二进制数形式的独立地址。就像你的邮政地址确定了你在街道、城镇和乡村的具体房子或公寓的位置一样，字的地址也确定了它在特定芯片中的位置。这意味着CPU可以直接访问某个特定的字，而不是去寻找它，因此这种存储器得名"随机存取存储器"（RAM）。①储存在一个磁带或一本书里的信息必须按顺序存取，直到到达正确的点，但有了随机存取存储器，每个字都有一个特定的地址，计算机可以直接找到它。随着时间的推移，字长（通常是2的幂，比如2、4、8、16、32、64…）变得越来越大。第一台个人电脑使用8位字，但到了20世纪90年代，使用32位很常见，现在大多数计算机使用64位。②

令人困惑的是（如果太简单就没有意思了），字也往往在被分成8位后，称为字节。这是为了方便，因为在处理文本时，每个字节可以保存一个字符。一个8位字节可以有256个值，从二进制"00000000"（值0）到"11111111"（值255）。8位是一个方便的大小，ASCII（美国信息交换标准码）作为表示字符的通用标准要求每个字符7位，允许一个字符集中有128个字符。例如，大写字母A的ASCII码是65，用二进制表示为"1000001"，每个数字是相关字节中的一位。额外的位通常作为奇偶

---

①这个名字本来有意义，现在没有了。例如，你可能遇到过ROM或Flash存储器，它们在存储数据的机制上不同于RAM，但都是随机存取存储器。非随机存取存储器可以追溯到古代的存储技术，在这种技术中，数据可能被暂时保存在诸如水银延迟线之类的设备中，在这些设备中，数据总是必须以相同的顺序被访问。

②为了能够直接跳到一个字中的特定位，计算机的内部总线需要和一个字中的位一样多的导线。因此，现代计算机可以被描述为具有"64位总线"。

校验位被用于校验机制，8位也适用于许多大型计算机上使用的IBM专有的8位EBCDIC码。

128个字符被证明是明显不够且受限制的，因为实际上可用的字符比这少得多，有30多个字符最初被用作"控制字符"操纵打印机或控制磁带，并且没有被重新利用，尤其是当计算机遍布世界各地并且必须适应整个范围的语言时。因此，尽管ASCII仍然是编码系统的核心，但它在20世纪80年代后期以统一码（Unicode）的形式进行了扩展。这种扩展编码方法，可以为单个字符提供16位甚至32位，这使我们能够从计算机中获得更广泛的字符和符号。

实际上，这意味着字节不再具有令人难以置信的意义，因为它不再代表单个字符，并且在计算机的物理内部结构中不是一个重要的大小——但它仍然是用于内存和存储的度量单位。在编写本文时，数据大小通常以千兆字节（十亿字节）或兆兆字节（万亿字节）为单位。相比之下，数据传输速度更符合逻辑的是用比特来衡量——比方说，你从互联网上下载的速度通常以每秒兆比特（百万比特）来表示。

计量算子 "门"的社区

然而，光有储存数据的方法还不够。最要紧的不是存储数据，而是处理数据。计算机的处理器必须能够通过逻辑运算来处理数据，要让它做从算术到选择和排序的所有事情。内存的基本单位是位（或者，在不得已时，是字），处理的基本单位是门。

门通常一次处理一位或两位，执行最基本的运算，然后以不同的方式组合，产生越来越复杂的运算。你可以把门想象成黑匣子，它从一位或两位中获取一个输入，然后把一个结果值（通常是一个比特）放入另一段（或同一个）内存中。

我们来看看基本的门，因为如果不首先了解门的概念，就不可能真正理解量子计算机在做什么，在量子计算机中门以"量子门"的形式呈现出全新的面貌。在所有传统门中最简单的是"非门"（NOT gate）。它接受一位中的值，并发出相反的值。因此，如果该位的值为0，则非门输出1。如果该位的值为1，则非门输出0。这看起来微不足道，但请记住，数字计算机①中的一切，无论是数据还是程序，都以0和1的形式出现。

没有必要知道每个门是如何由电子元件执行的细节，但是为了感受一下计算的复杂性，我们以非门为例。最简单的非门可以通过使用一个晶体管和一对电阻来实现，尽管在实践中，双晶体管门更常见。无论是哪种电路，结果都是：如果一个小信号（电压）进入非门，就会有一个（相对）大的信号出来；如果一个大信号进入，就会有一个小信号出来。

其他主要形式的门接受两个输入并产生一个输出，因此它们能够在数值之间进行比较。在以下所有示例中，0用于表示低电压信号，1表示高电压信号。如果与门（AND gate）的两个输入都是1，则产生1，否则产生0。如果我们纯粹从位的角度考虑，当且仅当两个输入位都为1时，它才输出1。相比之下，或门（OR gate）就没那么麻烦了。如果两个输入中的一个或两个都是1，则它产生1，如果两个输入都是0，则只产生0。

---

①非常奇怪的是，我们称其为"数字计算机"，因为自20世纪40年代以来，它们就没有以标准的数字形式（十进制）工作，（因为"数字"意味着用手指计数，使用0到9之间的数字），而是使用二进制（只有0和1）。该术语与"模拟"相对，模拟计算机是指处理连续变量的计算机，通常是因为它使用物理过程，如液体流动、电流水平或物体长度。严格地说，模拟的反义词是量子，我们不使用它，因为"量子"已经特指了涉及量子粒子的物理学。关于这一点，我们将在下一章讨论。

下一对门分别是与门和或门的负版本——与非门（NAND gate）以及或非门（NOR gate）。这些门产生与它们的"对手"完全相反的结果。因此，其中与门仅在两个输入都为1时产生1；相反的是，除非两个输入都为1否则与非门将产生1。同样，只有当两个输入都为0时，或非门才会产生1。你可以把一个"非门"加到一个"与门"的输出上，产生一个"与非门"；把一个"非门"放在一个"或门"之后，产生一个"或非门"。

最后，我们用异或门（XOR gate）和异或非门（XNOR gate）得到排他性［X是排他（exclusive）的一个相当笨拙的缩写］。正如我们所看到的，如果一个或两个输入为1，或门产生1。但是如果任一输入为1，而不是两个输入都为1，则异或门产生1。类似地，如果两个输入都是0或者都是1，异或非门产生1。

实际上，其中两个门是超级门，可以复制其他门的效果。或非门以及与非门的组合可以产生所有其他门的效果。例如，使用或非门时，可以期望的最简单的组合门是"非门"，它可以通过向或非门的两个输入端发送相同的输入来产生。或门可以通过将或非门的输出送入或非门的两个输入端来实现（实际上成为"或非非门"），以此类推。使用这种通用门的效率较低，因为制造任何特定的复合门总是需要更多的晶体管，但可以简化设计。

计量子算子 匹配和算术

一旦我们有了使用门的能力，就可以用它们来查询内存、进行比较和算术运算。例如，你可以想象一个非常简单的霍尔瑞斯打孔卡：每一位代表汽车展厅中一辆汽车的不同方面，你可以用一些位来代表每种颜色选项、每种型号等（在现实中并不会这样做，因为这是一种非常低效的数据表示方式，但它给人一种逻辑电路运行般的感觉）。

比方说，为了选出所有的红色汽车，你只需用一个与门，将内存的红色位设置为1的值与包含汽车细节的内存组合起来，一辆接一辆。如果答案是1，那么它就是一辆红色的车；如果答案是0，那么它就不是一辆红色的车。

算术要稍微复杂一点，但其原则上只涉及两种逻辑运算：与（AND）以及异或（XOR）。为了了解这些门是如何工作的，我们需要了解二进制算术——因为这就是计算机所能处理的全部内容，即使这对只关注十进制值的人来说是非常不自然的。

让我们来看看最简单的可能性——将两个位的内容相加。每个位的值只能是0或1。结果如下：

$$\begin{array}{r} 0 \\ +\ 0 \\ \hline 0 \end{array} \qquad \begin{array}{r} 0 \\ +\ 1 \\ \hline 1 \end{array} \qquad \begin{array}{r} 1 \\ +\ 0 \\ \hline 1 \end{array} \qquad \begin{array}{r} 1 \\ +\ 1 \\ \hline 10 \end{array}$$

前三个运算对以十进制算术培养出来的大脑来说是有意义的。最后一个有点难以接受，但是记住在二进制中，和的每一列只能容纳0或1。在熟悉的十进制算术中，当达到最大值（9）并再加1时，将该列重置为0，并将1进位到下一列。

$$\begin{array}{r} 9 \\ +\ 1 \\ \hline 10 \end{array}$$

类似地，在二进制中，当达到最大值"1"并再加1时，会将该列重置为0，并将1进位到下一列。这就是为什么T恤上会印着这样诙谐的标语："世界上有10种人：懂二进制的人和不懂二进制的人。"

如果我们将加法运算中的两个值视为一个门的输入，则答案最右列中的值是对这两个输入应用异或门的结果，而答案中向左一列进位的值是将与门应用于两个输入的结果。有了这两个逻辑门，我们就有了执行加法的基本器件。

当然，这不是全部。目前，我们的加法器只能结合两位：我们需要大量这样的电路，一个长数字的每一列都需要一个，才能让我们的装置有用。而且，从技术上讲，我们这里有一个术语为"半加法器"的电路部件，它不能完成全部工作。它能够将一个值进位到左边的一列，就像上面的例子一样，但是如果右边的列向它进位一个值，它就不知道该怎么办。如果我们设想让这样一个加法器件在一个较大数字右侧的第二列上操作，它没有考虑从最右侧一列进位的可能性，这需要将这种可能性包括进来以构成一个"全加法器"，但这可以相当容易地用几个门来完成替代。

类似地，使用异或门、与门、或门以及非门可以实现全减法。一旦你有了加、减和进位的机制，转到乘法和除法就相对简单了，因为这些过程可以通过简单运算的重复应用来构建。因此，举例来说，A乘以B，我们可以通过重复地将B加A次。将这些不同的算术能力结合起来，计算机就拥有了数学运算的核心，它便能够做更高级的工作。

计量算子 按比例放大

当然，在现实世界的计算机中，你看不到单个的门，因为它们只是芯片的数十亿晶体管中微小的、看不见的部分。不过，原则上，你可以建造一台非常简单的计算机，其中每个门都是一个独立的物理对象。当我大约十岁的时候，我有一台机械计算机可以做这个工作。它被称为"数字计算1"（Digi-Comp 1），由一系列塑料滑块组成，可以通过手动拉环移动。滑块被连接到机械门上，机械门由金属线和塑料钉构成，可以用来加减三个二进制列，就像上面例子中的两列一样。

同样，数学科普者马特·帕克（Matt Parker）制造了一台机械计算机，它可以通过使用大量倒下的多米诺骨牌来产生合适的门。描述多米诺电脑几乎是不可能的，但是网络上有它运行的视频。当然，如果你打开你的电脑机箱，你会看到一个提供CPU所有功能的微芯片和一个或多个存储芯片。[①]在这些看起来平淡无奇的塑料长方形里是非常复杂的集成电路，它们被蚀刻在薄薄的硅条上。

我写这些文字所用的电脑配有四核i5处理器——绝不是最强大的——它在单个芯片上集成了大约20亿个晶体管。一个典型的门使用3~5个晶体管，因此提供了大约5亿个门，足够进行大量的处理。同样，我的电脑有24千兆字节的内存：206158430208 比特。[②]你很难想象它的规模，但是这些硬件部件的工作方式（不可否认，它有很多额外的功能）仅仅是上面例子的简单放大版。

---

①在主处理器芯片上也有一些内存用于即时访问。

②学究式地说，"1000字节"的内存不是1000字节，而是1024字节（为了方便处理二进制，它是2的幂），所以"24千兆字节"远远超过240亿字节，也就是说约258亿字节。令人困惑的是，磁盘存储是用十进制值而不是二进制值来衡量的，所以500 GB的HDD确实有500000000000字节（尽管不是所有字节都是可访问的）。但因为现代SSD驱动器实际上是一种由内存颗粒组成的存储器，所以它们使用二进制版本，因此500 G的SSD比500 G的HDD更大。从技术上讲，有一个专门针对更大的二进制版本的单位，Gigabyte——但是没有人使用它。

　　我们现在可能对机盖下的物理结构有所了解，但是光有硬件本身是没有用的。没有软件的手机或电脑只是一个昂贵的压纸器。我们需要添加指令来使计算机工作，这意味着我们要了解算法的本质。

第三章　柔软触感

将茶包放入杯中。将刚烧开的水加入到距离杯子边缘不到1厘米的地方。静置一分钟。搅拌，轻轻捣碎茶袋。取出茶袋并丢弃。加入糖，再次搅拌。加入几滴牛奶，直到茶不透明但并不呈牛奶状。

你可能不同意其中的细节——沏一杯茶有很多种方法（这恰好是我妻子喜欢的方式）——但上面的话代表了一种简单的泡茶算法。算法是为了达到目的而遵循的一组指令。[①]它的另一种常见形式是菜谱：制作特定菜肴的算法。在计算世界中，算法通常更多的是一组逻辑运算，这些运算针对数字或文本串进行，但是概念却完全相同。

计量算子 整理我的书

在开始讨论算法、计算机程序之间的联系以及它们对量子计算的重要性之前，让我们来看一下另一个简单的任务：不同的算法如何改进完成任务的方式。讨论这个特殊的任务是有用的，因为它是现实世界中非常常见的计算需求的代表。

---

① "算法" 来自拉丁语 Algorithmi，是献给9世纪阿拉伯数学家阿尔·花拉子模（Al-Khwarizmi）的。

　　我有一个宜家"比利"书柜，里面装满了非小说类书籍。出于某种已模糊的原因，当我搬进现在的房子时，我认为将非小说类书籍不按照任何旧的顺序摆放在书架上会很有趣，即随机式的摆放。其余的书是按作者姓名的字母顺序排列的[1]，但非小说类的书不是。然而，在这种随意的状况下生活了十年之后，我已经厌倦了花时间去找一本特定的书，并决定按照作者姓名的字母顺序重新组织它们。但是我该怎么做呢？我需要一个算法。

　　让我们从那个肯定是最糟糕的方法之一开始。把所有的书从书架上拿下来，然后随意地把它们放回去。当所有的书都放回书架后，我会检查它们是否按照顺序排列。如果足够频繁地重复这个过程，我最终会把它们排列成正确的顺序。这样做的两个问题是，这可能需要非常多次尝试，而且我必须每次都检查每本书，确保没有一本出错，才能知道我是否成功了。我刚刚粗略地数了一下，书柜里大约有240本书。大约有10^{58}种方法——10后面跟着58个0——来排列240本书，所以我可能要花比宇宙的一生还长的时间来完成排列。可以肯定地说，这不是一个可以选择的算法。

　　让我们试试更微妙的方法：把书留在书架上，只看第一对。它们是按作者姓名的字母顺序排列的吗？如果没有，我就交换。（如果它们出自同一作者之手，我会检查出版日期。如果它们没有按日期顺序排列，就交换它们。）然后我看第二本和第三本书。它们是按作者姓名的字母顺序排列的吗？如果没有，我就交换，以此类推。我处理完所有的书，然后回到起点，从头再来一遍，除了我不需要检查最后一对，因为我已经把作者姓名是字母表中最后一个的那本书移到了端部。然后我再做一

---

　　[1]除了放着我写的书及其翻译本的书架，它们是按时间顺序排列的，因为按作者姓名的字母顺序排列是愚蠢的。

遍这个过程，不过这次我可以忽略最后两本书。诸如此类。最终我会发现每一本书都相对于它的邻居被正确地放置，现在我可以停下来了。

我承认这是一种乏味的方法，但计算机擅长做乏味的事情，这是一种真正的计算机算法，可以用于对项目列表进行排序，被称为"冒泡排序"。这并不是一种非常有效的数据排序方式，但它是一种易于编程的技术，因此有时会在速度不成问题的情况下使用。然而，这可能不是我整理图书的最佳方法，因为在最坏的情况下，我可能必须执行239+238+237…+1 = 28680次图书交换，这将花费我很长时间。[①]

好吧，我们试试另一种方法。我把所有的书从书架上拿下来，然后开始一次放回一本。不管第一本书是什么，我都把它放在书架中间。我把第二本书放在第一本的左边或右边，这取决于作者姓名的字母顺序排在前书作者的前面还是后面。（和所有其他例子一样，如果两者的作者相同，我会按照出版日期排序。）要放回下一本书时，我再次从中间的书开始，根据需要向左或向右移动。如果一个书架满了，我会随机选择左边或右边：如果是左边，我会从书架的左手端拿起书，放在上面书架的右手端；如果是右边，我从右手端拿起书，把它放在下面书架的左手端。如果有必要，我将重复这个过程，直到架子上不再有空间。这在计算中被称为"插入排序"，在最坏的情况下，它的操作次数可能会与冒泡排序相似。

我可以通过使用更复杂的分组来提高算法的速度。在这里，我首先

---

①由于数学家莱昂哈德·欧拉（Leonhard Euler）年轻时的妙计，计算互换的次数出奇地简单。据说他的老师给全班同学布置了一个任务，要他们做1+2+3…+100的加法，以此让他们保持忙碌。欧拉几秒钟就得出正确答案。他已经意识到有50对，从第一个和最后一个数字开始，然后是第二个和倒数第二个数字，以此类推，所有成对的数字加起来都是101——1+100，2+99，3+98…这使得总数为50×101 = 5050。我对1+2+3…+238做了同样的操作，然后添加了不成对的239。

把书成对地从书架上拿下来，将每一对放在桌子上，把所有的对按正确的顺序分类。然后我拿出前两对。比较每组中的第一本书，用排在前面的书组成一个新的小组。然后，比较每对中剩下的最左边的一个，并将这两个中的第一个添加到新组中。在这个过程的最后，这四本书按照正确的顺序排列成一个小组。接下来的四本书也如此处理，以此类推。当所有的配对被分成四本一组时，我对四本一组做同样的事情，形成八本一组。这种情况一直持续到所有的书都在同一个组中，这个组中的书将会按照正确的顺序排序。这是一个计算机排序算法，叫做合并排序，由冯·诺依曼早在1945年发明。这个算法明显优于前面的两个例子：这里最坏的情况是1640次交换才能排好次序。

这种图书分类任务是真正的"现实世界"问题——也给我们带来了许多计算机分类算法，尽管还有更多只有在计算机上才真正可用的算法。其中一些算法利用了一个特别强大的方法，称为递归。

计量算子 靠自己的力量长大

递归涉及完成一个重复的任务，该任务每一次的结果是该任务前一次迭代的结果，通过制定规则来启动或停止任务的进行。观察递归的操作比阅读描述更容易理解递归。以斐波那契数列——这是一个著名的数字序列——为例，在序列中的下一个数字是由前两个数字相加而成的。这里，所需的开始规则是前两个数字是1，所有需要做的就是重复规则来生成序列1，1，2，3，5，8，13，21…

其结果是，用一个很小的算法可以产生很大的结果，这对任何必须编写代码的计算机程序员来说都是一个胜利。用于生成斐波那契数列的这种递归永远不会停止——你可以随时停止。但是有一种替代的方法更有用，它有一个停止值，可以自动停止递归。因此，举例来说，一个数的最大奇数因子①可以使用递归算法计算出来：将该数除以2。将此重复应用于上一次除法的结果，直到结果是奇数。

　　例如，如果该数是624，应用该算法：

　　　　624 / 2 = 312，是奇数吗？不是
　　　　312 / 2 = 156，是奇数吗？不是
　　　　156 / 2 = 78，是奇数吗？不是
　　　　78 / 2 = 39，是奇数吗？
　　　　是的——所以结束。

　　这个结果看起来微不足道，但在计算中，递归非常强大。要了解原因，我们需要快速了解什么是计算机语言以及它们是如何工作的。

计量算子 对着电脑"说话"

　　从某种意义上说，"计算机语言"这个术语的使用并不恰当，因为计算机本身不会说这些语言。正如我们所见，计算机只处理0和1，其他什么也不处理。在早期计算机中，这些值必须直接设置，要么使用计算机前面的开关，要么在卡片或纸带上打孔。曾经有过对计算机中的二进制状态的直接物理模拟。如果在卡片或纸带的某个特定位置没有洞，则表示0；如果有一个洞，它意味着1。这种以计算机可以直接使用的形式提供的二进制指令被称为机器编码。

---

①如果你的数学生疏了：当一个数的因数是一个整数时，它正好可以整除这个数。

这不是代码和密码意义上的编码，在代码和密码中，代码使用选定的单词或短语来表示其他意思（例如，"香肠"可能表示"前进到边界"）。一般而言，"代码"这个术语在计算中用于表示输入到计算机中的指令，范围从机器代码到"计算机代码"或"源代码"，通常由更高级、更人性化的编程语言编写（稍后将详细介绍）。

随着时间的推移，一种更简单的向计算机输入指令和数据的方法被开发出来，称为汇编语言。这是一组执行操作的非常基本的指令，它被设计成适合特定CPU处理数据和操作的方式，用一个通常是缩写的英语单词代替指令的二进制值。因此，举例来说，可能有一个指令，如MOV，后跟一个位置和值，意味着将该值移动到一个指定的位置。在汇编语言中的数字通常不是用二进制来写，而是用更易读的数字系统来写——尽管为了保持与二进制的简单对应，该系统可能需要八进制（以8为基数）或现在相当标准的十六进制。这意味着写一个数字以16为基数，除了数字0—9，还有十进制数10—15的等效值，写为A、B、C、D、E和F。

虽然许多早期计算机程序都是用汇编语言编写的，但它们很难编写且容易出错，而且在需要修改或调试程序时，理解程序中发生的事情尤其困难。结果，计算机语言被开发出来，它们以更容易被人类理解的方式编写指令，即使指令仍然是非常严格的格式。然后，这些"源代码"将通过一个名为编译器的程序运行，编译器将其转换为汇编语言，汇编语言将通过另一个程序运行以生成可执行代码——最终结果是一个可以在为其设计的特定的计算机上运行的程序。[1]

过去有，现在仍然有大量的编程语言可用，尽管20世纪70年代为

---

①一些非常简单的语言，比如流行的初级语言BASIC，能够在"解释"模式下运行，在这种模式下，它们在程序运行时被有效地编译。这使得它们更容易使用，但运行起来要慢得多。

UNIX 操作系统开发的 C 语言变体现在仍占主导地位。它依赖于使用一组英文关键字，如 If 或 For，加上变量的名称——有效地存储要处理的数字。例如，用符号的严格语法来表示一个部分在哪里开始和结束，一段文本可以是代码的一部分，也可以是一个为了便于人们阅读程序，使代码更容易理解而加上的注释。

在大的趋势中总有一些例外。我最喜欢的古怪语言是 APL[①]，这是我在 1980 年代学会的一种语言，它非常简洁，一次可以处理整个矩阵（多维数字网格）。它通过使用一些不属于正常英语用法的额外字符来保持简洁，这意味着如果你想用 APL 编程最好有一个特殊的键盘，但针对数据处理，特别是专业物理应用程序它非常强大。生成 1 到 N 之间的每个素数的整个程序来说明 APL 有多紧凑：

$$(\sim N \in No. \times N)/N \leftarrow 1 \downarrow llN$$

由于在我们的主流计算机行业中还没有出现任何量子计算机的标准化，所以量子计算机将如何被编程还不完全清楚。然而，我们将会看到它们的特殊能力是由矩阵整齐地表示的，有可能我们将看到由 APL 的一个变种进化为量子计算机的编程语言。

计量算子 阶乘舞蹈

当了解计算机语言的基础后，我们现在可以感受到为什么说递归代码是如此强大。当寻找整理我的非小说类书籍的方法时，我说有大约

---

①APL 形象地代表"一种编程语言"。

10^{58}种方法来整理240本书。排列书籍的确切方式，用数学术语来说就是排列，有"240！"种排列，读作"240阶乘"。[①]这是240×239×238×237×…×3×2×1。很容易看出为什么是240！。如果你认为书柜有240个插槽，每个插槽可以放一本书，就可以给出排列数的正确答案。对于第一本书，可以选择240个位置中的任何一个。一旦把第一本书放在一个特定的槽中，还有239个槽我可以放第二本书。对于240个原始槽中的每一个都是这样，因此有240×239种方法来组织这两本书，以此类推。

要编写伪代码来递归产生阶乘（不是用真正的编程语言，但我的意图是给出总体的外观和感觉），我们需要函数的概念。从数学上来说，当我们在计算中使用一个函数时，它是一个将一件事情转化为另一件事情的黑匣子。要使用它，我不需要知道在黑匣子里发生了什么——尽管显然有人需要知道这一点来编写它。通常函数由其他人编写，并提供在数据库中，因此程序员不必重新再写。

例如，我可能有一个名为"平方"（Squared）的函数，它将一个数变成它的平方，可以用我的伪代码来写，类似于

数 = 15
答案=平方（数）

为了使用"平方"函数，我首先给一个变量赋值——我决定把这个变量叫做"数"，但是它也可以叫做"x"或者"长度"或者任何我喜欢

①代表阶乘的感叹号符号（在计算机语言中被有趣地称为"尖叫"）最初被引入时，并未受到数学家的普遍欢迎。据说19世纪英国数学家奥古斯都·德·摩根（Augustus De Morgan）曾抱怨说："最糟糕的野蛮行为之一就是引入了一些在数学上很新，但在普通语言中却完全可以理解的符号……缩写$n!$……让他们的页面看起来像是在表达：对2、3、4等的赞美应该在数学结果中找到。"

的名字。然后，我的代码的第二行运行"平方"，将"数"这个变量的值输入其中，用把它输入到"平方"后面的括号中表示。"平方"函数最终将适当的值——在我的例子中是225——分配给名为"答案"的变量中。当然，在函数内部，会有将数字自身相乘并将结果返回给外界所需的代码，但是当我使用函数时，我看不到运算过程。

对于我们的递归示例，它将生成一个阶乘函数，我可以类似地写为：$x =$ 阶乘（n）。它告诉我，结果（x）来自称为"阶乘"的黑匣子，值为n！对于我的书架示例，n恰好是240，但我可以输入我们想要的任何数字来求阶乘。现在让我们深入函数内部。函数内部的代码可能如下所示：

阶乘（n）
如果n等于0，则返回1
否则返回$n \times$阶乘（$n-1$）
结束

让我们看看如果把n设为240会发生什么。这里n显然不等于0，这意味着该函数想要返回"240×阶乘（239）"，即传送到我程序的剩余部分，不管结果是什么。因此，阶乘函数会设置循环，对较小的数字进行第二次运算。所有这一切一遍又一遍地发生，随着阶乘函数的实例越来越多，直到n下降到0。然后将结果传回到原来的"阶乘（240）"——最后给出一个巨大的数字。[1]也许是因为我有编程背景，我发现这么短

---

[1]在实践中，它可能会耗尽内存来进行计算——结果毕竟是一个59位数的数字——因此执行该功能的一段真正的代码必须检查出结果是否出错。这就是为什么，如果你问谷歌"240!是什么"，它的回答是"未定义"，而不是可怕的崩溃（尽管这可能很有趣）。

小的一段代码真的很美，将结果返回到顶部，就像在一对平行的镜子之间得到的重复图像一样，可以产生如此令人印象深刻的结果。

计量 算子 深入

到目前为止，我们已经对计算机硬件和软件如何在传统计算机中工作有了基本了解。当这些设备运行时，它们完全依赖于量子物理。因为顾名思义，电子学完全是关于电子的行为的。这些微小的粒子存在于原子的外部，并以电流的形式流过电线，它们就是量子粒子。这意味着它们遵守量子物理定律，行为方式与我们日常熟悉的物体惊人地不同。那些熟悉的物体本身也是由原子构成的，原子也是量子粒子。

然而，传统计算机的工作原理并没有利用量子奇异性，除非是在闪存等特殊物理设备中，这些设备使用量子效应来保持计算机电源关闭时存储的电荷。在我们看到量子计算机如何能够进行显然不可能的计算之前，我们需要对量子奇异性有一定了解。

第四章　量子奇异性

量子物理学在经过极大简化后有两条规则：

规则一：非常小的东西没有确定的位置，只有它们所在位置的概率。

规则二：规则一只有在这些非常小的量子粒子不与周围环境相互作用时才有效。

正如我们将看到的，一旦我们提及一些细节，现实显然更加微妙，并且还有其他方面在起作用。但这两条规则使微小世界的行为与我们在肉眼可见的物体的尺度上观察到的世界完全不同。

这通常被解释为量子世界是奇怪的——从我们明显狭隘的观点来看，这是奇怪的。但这种陌生感似乎就是现实，所以我们需要习惯它。正如20世纪伟大的量子物理学家理查德·费曼曾经说过："我希望你能接受自然的本来面目，荒谬。"

计量 量子 宇宙变焦

在20世纪50年代和60年代，有一种缩放的想法很流行，即从总体

37

的星系、恒星和行星缩小到越来越小的世界，直到原子本身变得可见，就像太阳系本身一样。在 1957 年的电影《不可思议的收缩人》（*The Incredible Shrinking Man*）中，由格兰特·威廉姆斯（Grant Williams）扮演的主角斯科特在穿过神秘的迷雾后开始收缩。在电影的结尾，在与微小的捕食者不可避免的战斗之后，斯科特对自己的命运变得泰然自若，他告诉我们无穷小和无限大是"同一概念的两端"。这部电影的观点似乎反映了关于原子结构的迷人想法，电子围绕着中央原子核旋转，提供了与太阳系或星系结构的直接而有意义的比较。

几年后的 1968 年，伊娃·萨兹（Eva Szasz）制作了一部著名的八分钟电影，名为《宇宙变焦》（*Cosmic Zoom*），从一张在河上划船的照片开始，放大到太阳系、银河系和整个宇宙，然后再缩回到一个原子的结构，最后回到原始视图。这再一次带来一种连续性的感觉，即所有一切都是一个伟大的、结构化的整体的一部分，其中最大和最小的方面是彼此之间有意义的回声。尽管毫无疑问，原子是宇宙的一部分，但一百多年以来，我们一直清楚地意识到，原子尺度上的事情与我们周围的日常物体或行星、太阳和星系上的事物非常不同。由于马克斯·普朗克（Max Planck）、阿尔伯特·爱因斯坦（Albert Einstein）和尼尔斯·玻尔（Niels Bohr）的工作，他们的理论形成了量子物理学的最初基础，到 1913 年，将原子想像为一个微型太阳系的图像已经完全破碎了。

直到 19 世纪末，原子才开始被认为是真实的东西，被广泛接受的证据直到 1905 年才真正出现。因此，在接受原子存在的大部分时间里，人们对它们的认知与今天普遍使用的小球绕大球旋转的图示非常不同。

事实上，原子尺度的物体行为和我们直接观察到的周围世界几乎没有相似之处。我们非常熟悉的一切，从光到你用来阅读这本书的任何介质，都不是一个连续的东西，而是由微小成分组成，因为没有更好的词可以用来描述，我们倾向于称之为粒子。我们被这个术语纠缠住了，但这些粒子一点也不像这个名字所暗示的尘埃或粉末一般——它们有自己特殊的量子现实。

计量算子 东西是成块的

量子"quantum"（复数quanta），意为实体的数量或质量，在科学上用来指可以将某物分成的最小块。[①]这些块通常称为粒子[②]。一个粒子是某物的一小部分，但我们倾向于认为它指的是一个微小的颗粒。将这个术语用于量子粒子——小到遵守量子物理学规则的粒子——的麻烦在于，这些东西的行为一点也不像一粒盐或一粒尘埃那般。

通常所熟悉的微粒可能非常小，且由于足够轻，在空气分子的不断撞击下就能够飘浮在空气中，但这种微粒的行为更像是缩小版的球或石头。然而，量子粒子遵循完全不同的规则。这很令人困惑，因为日常熟悉的事物其实都是由这些行为"怪异"的粒子组成的。

正如我们所见，原子和分子在1905年就被证实存在，这归功于阿尔伯特·爱因斯坦的巧妙工作，他在数学上模拟了悬浮液中分子与小颗粒的相互作用，即布朗运动。同年，爱因斯坦也证明了光是成块出现的。这显然更令人震惊。虽然一个物质看起来是连续的，但它应该由更小的成分组成，这似乎是很合理的。甚至古希腊人也提出了原子的存在，他

---

①某种意义上，其中一些块本身可以由更小的份组成——例如，原子是量子粒子，尽管它具有更小的粒子结构——但这是一个很好的近似。

②例如，牛顿（Isaac Newton）使用的早期术语是微粒，意思是一个小物体。在19世纪末，当物理学家汤姆逊（J. J. Thomson）证明了我们现在称之为电子的存在，并把它们称为微粒时，这种现象就更加普遍了。

们认为原子是将物体切割得尽可能小的极限。但是到了19世纪初，光被证明像波一样活动。

波是某物中持续移动的扰动——例如，水中的波或一根绳子的摆动。光的行为明显地说明它是一种波，尽管事实证明很难发现光引起扰动的"东西"是什么。尽管如此，光还是"做"了一些事情，比如折射（当它以不同的速度穿过不同的介质时会改变方向），这似乎证明了它是一种波。

在19、20世纪之交，德国物理学家马克斯·普朗克提出，如果光以不连续的份的形式出现，就可以轻松地解释热物体如何发出颜色。普朗克不相信这个想法是真的——每个人都知道光是一种波——但当时的理论预测，即使在室温下，物体也应该在蓝光和紫外线下发出明亮的光。然而，假设光不是连续的波，而是以普朗克称为"量子"的形式出现，这使得数学概念成立，并与观察相匹配。不久之后，爱因斯坦比普朗克更进一步，他对被称为"光电效应"的奇怪现象给出解释，这种解释只有在光确实是以不连续的形式出现的情况下才有效——这些不连续的份后来被称为光子。

在光电效应中，只要用光照射某些金属，就会产生电流。观察表明，光有办法将电子从金属中击出，使电子流动产生电流。然而，这种效果并不依赖于光的亮度，而是依赖于它的颜色，颜色反映了单个光子的能量。让光变得太红（能量太低），不管它有多亮，它都不会发射出任何电子。这对于波浪的连续流动来说没有意义，因为更大的波浪携带更多的能量。但是，如果光以份（光子）的形式出现，并且单个光子负责将单个电子从金属中击出，电流就会发生——光子必须有足够的能量来完成这项工作，这意味着它需要更靠近光谱的蓝色端或更高能量端。

当年轻的丹麦物理学家尼尔斯·玻尔利用爱因斯坦的想法首次提出原子结构的量子理论时。原子吸收能量并发出光——根据所讨论的原子，它们往往会发出特定颜色（能量）的光，这就是光谱学的工作原理。它使我们能够通过一种材料受热时发出的光的颜色，或者白光穿过它时吸收的颜色，来辨别材料所含的元素。而这就是钠灯具有独特的黄橙色光的原因。玻尔意识到，这些色带可以反映原子的电子能量变化受到限制，即所谓的量子跃迁。当光照射到电子时，电子接收或失去能量，或者发出光，但只有在能量发生特定的、量子化的变化时才能做到这一点。

这具有双重意义。电子不能像行星围绕太阳一样围绕原子核运行，因为带电粒子在加速时会释放能量，而绕轨道运行涉及恒定加速度。玻尔使原子稳定的唯一方法是让电子与原子核保持特定的距离，仿佛它身处轨道一般。电子可以从一个轨道跳到另一个轨道（因此产生了量子跃迁），但却不能占据轨道之间的任何位置。

这是量子革命的开始。但是，为了介绍极微小尺度行为最令人难以置信的方面，还需要介绍另外两位量子物理学家的工作。

计量算子 那个等式（不包括猫）

薛定谔方程的出现是量子理论向前迈出的重要一步，该方程有各种可供选择的公式和扩展的形式，但我们只关心最基本的。例如，奥地利物理学家埃尔温·薛定谔（Erwin Schrödinger）的主要成就之一是他的薛定谔方程，或者准确地说是薛定谔方程给出了在某个位置发现一个量子粒子的概率。

乍一看，它说的很奇怪。例如，如果我们想象将球状的熟悉物体从手中扔出去撞到墙上，根据给出的某些细节和基本的数学知识，我们可以预测出这个球的每一点的位置轨迹。[①]如果我们想象用一个量子粒子来完成这个实验，薛定谔方程可以告诉我们在任何位置找到这个粒子的概率——而且，这很像是说这个粒子很可能会在你期望它走的那条路径上被发现，但也有可能在远离那条路的任何地方找到它。

根据薛定谔的说法，在粒子和它的环境相互作用之前，比如引起探测器发出"砰"的声音之前，我们不能确实它在哪里。老实说，当薛定谔提出他的方程时，几乎没有任何实验数据来支持这个看似荒谬的说法。[准确地说，这一论断部分归功于爱因斯坦的朋友马克斯·玻恩（Max Born），他提出该方程的结果是概率的集合，而不是描述粒子的实际位置。] 然而，自20世纪20年代以来，薛定谔方程被证明是完全正确的。不管我们喜欢还是不喜欢，事实就是这样。

顺便说一句，与薛定谔更著名的猫没有任何关系——我们将在"叠加"这个题目下简短地回顾薛定谔的猫（见后文）。就我个人而言，我觉得这种过度暴露的猫令人十分恼火。然而，这个方程与我们的存在，以及手机一些令人印象深刻的功能有着千丝万缕的联系。这是因为薛定谔方程告诉我们存在着"量子隧道效应"。

通常，如果我们想到达某个障碍的另一边，而不越过它，也不从它下面过去或绕过它，我们必须穿过它。[②]这就是我们通常所说的隧道效应。然而，薛定谔方程给出的概率方程给了我们另一种更奇怪的选择：不是真的穿过障碍，而是已经在障碍的另一边，但从未穿过它。这是量子粒子完全能够做到的。这就好像你某天晚上把车停在车库里，第二天早上发现它就停在车道上，但车库门从来没有打开过。

---

①这是一个物理学家的球——一个没有空气阻力的完美球体，等等。用一个真实的球很难做到精确，但是物理学家的球对我们的目的来说足够接近现实。

②任何父母都可能意识到这可以被称为去"量子猎熊"。

量子隧道相对来说不太可能发生。这种可能性通常非常低。但是因为在任何特定的物体中经常有大量的量子粒子，所以这种情况经常发生，足以产生令人印象深刻的效果。量子隧道所发生的一个地方在太阳上。为了让太阳工作并提供让我们生存所需的光和热，太阳内部被称为离子的带正电荷的量子粒子必须靠得非常近，才能使产生太阳能的核聚变过程发生。因为所有的离子都携带相同的电荷，它们会互相排斥——当它们靠得很近时，这种排斥力变得非常强大。这种排斥力如此强烈，以至于在太阳的高温高压下，离子也不会靠近到足以融合。但是因为一小部分离子穿过了排斥力的屏障，使太阳上的核聚变过程发生了，我们因此能继续活着。

闪存在一个明显更小的规模上利用了量子隧道效应，即使没有电力供应，闪存也能在手机里或记忆棒上存储信息。正如我们已经见到的（本书第18页），计算机内存以电荷的形式保存信息，固态硬盘也是如此。然而，当电源被关闭时，内存中的电荷就会消散。[①]但是闪存将代表数据的电荷保存在一个绝缘的空间中，这阻止了其中数值的丢失——但是代价是这些位很难得到数值，也就很难改变这些数值或者读取它们。正是通过使用量子隧道使电子穿过屏障并与存储位相互作用，计算机或手机中的电路才能访问内存。

量子计算 测不准

20世纪20年代量子世界的另一个著名人物是德国科学家维尔纳·

---

①电荷不一定会立即消失，这就是为什么当你拔掉一些充电器和其他电气设备的插头时，一两秒钟内灯往往不会熄灭，但它不会停留太久。

海森堡（Werner Heisenberg）。[1]他的名字与测不准原理紧密相连。这可能是所有量子物理学中最常被误用的概念，常常有人通过使用它的术语并伪装这些词以证明各种与物理学无关的完全虚构的概念。[2]

测不准原理并没有说"一切都是不确定的"或"一切皆有可能"。事实上，这是一个清晰的数学陈述。它反映了物理世界的不同方面在量子水平上紧密相连的方式。它最著名的表述是，你越精确地知道一个量子粒子的位置，你就越不可能精确地知道它的动量[3]，即不可能同时完全了解二者。

测不准原理也适用于量子粒子或量子系统的许多其他对性质，最显著的是它的能量和它被观察到的时间间隔的组合。如果所取的时间跨度很小，这个系统到底有多少能量就有很大的不确定性。由于量子系统可以包括明显的真空，这意味着真空中的能量水平在极短的时间间隔内变化很大，以至于能量可以短暂地大到以粒子的形式存在（质量和能量是可以互换的，正如爱因斯坦著名的 $E=mc^2$ 方程所示）。这些"虚拟粒子"不能直接被探测到，因为它们消失得如此之快，但它们的存在可以间接被探测到。

---

[1]为了完整，我们应该包括其他人，如英国物理学家保罗·狄拉克（Paul Dirac）、法国人路易·德布罗意（Louisde Broglie），但海森堡是我们探索与量子计算机相关的量子奇异性所需要的。

[2]这可以是任何东西，从量子洗碗机的平板电脑到人体思维的全息投影，简单地思考正确的想法——沉迷于量子思维——可以产生量子疗愈，在所有这些语境下，"量子"这个词很容易被"魔法"取代。

[3]动量是质量乘以速度——实际上它代表了粒子运动的"活力"。

计量 算子 叠加

　　我们开始了解到量子粒子的奇异性。在量子粒子的轨迹中，我们无法确定其具体位置也反映在它的其他属性的概率性质之中。"属性"是在量子世界中广泛使用的术语，所以有必要弄清楚它的含义。一个量子粒子的属性包括它的位置、质量、电荷、自旋（下一节将详细介绍）等。某些属性（如电荷数）不会改变，但有趣的是可变属性，当这些属性不被测量时，它们通常只作为概率而不是特定的固定值存在。

　　理解这一点的核心是要认识到，这些概率的应用方式与在日常生活中截然不同。以最常见的概率应用——公正地抛一个硬币为例，我们说有50%的概率得到正面，有50%的概率得到反面。我们的意思是，经过长时间地抛若干次之后，50%的结果应该是正面朝上，50%是反面朝上。但是让我们取一个具体的硬币。我把它扔出去，准备用手接住它。硬币正面朝上的可能性有多大？

　　我们通常会说是50%，因为出现正面朝上的概率是50%。不过，严格来说，关于这个硬币我们不应该这样说。那枚硬币要么是正面朝上，要么是反面朝上，这是100%确定的。在我们看到它之前不知道是哪种情况。更准确的说法是，在多次重复这个实验后，如果我们说顶面是正面，我们有50%的概率是正确的。我手里的实际正面和反面朝上的结果是量子物理学家所谓的隐藏变量。它是一个真实的值，但我们只是不知道它将是什么。

　　爱因斯坦和追随他的人认为量子粒子也有隐藏的值。因此，尽管薛定谔方程告诉我们在不同位置找到一个粒子的概率，爱因斯坦却认为粒子有一个实际的、精确的位置——只是在测量之前不为人所知。相反，爱因斯坦的反对者，特别是尼尔斯·玻尔认为，所有的存在都是概率，直到粒子与周围环境相互作用——例如被探测器"观察到"为止。因此没有隐藏的值，只有经过观察，概率才会变成实际值。

有时一个粒子被描述为同时出现在两个地方——但这是一种非常胆怯的看待事物的方式。[①] 实际情况是，粒子有可能同时处于所有不同的可能位置——而所有这些存在都是概率。这种同时具有多个概率值的能力被称为叠加。当我们开始研究量子计算机如何工作时，这种效应将与量子自旋和极化等属性有关，其中叠加在计算机的非凡能力中起着至关重要的作用。

计量算子 量子向右旋转（或并未向右旋转）

量子自旋可能是量子粒子属性中最容易被混淆的名称。它被称为"旋转"，因为它与角动量——旋转物体的旋转"活力"程度——有相似之处。然而，实际上，量子自旋根本不代表传统意义上的旋转。当一个粒子的量子自旋被测量时，它只能在被测量的方向上"向上"或"向下"。请记住，"量子"意味着不连续出现——这里只有两个可能的值，向上或向下。

量子的自旋属性是在20世纪20年代的一项经典研究中首次发现的，该研究被称为斯特恩-格拉赫实验（Stern-Gerlach Experiment），以提出这一想法的奥托·斯特恩（Otto Stern）和进行实验的瓦尔特·格拉赫（Walther Gerlach）的名字命名。一股银原子流穿过强磁场，由于磁铁的

---

① "同时出现在两个地方"的描述几乎肯定来自被广泛使用的叫做杨氏狭缝的实验，在这个实验中，一个量子粒子有机会穿过两个独立狭缝中的其中一个，但也有可能穿过它们中的每一个，这就是所谓的同时出现在两个地方。

形状，磁场是不对称的。由于其外层只有一个电子，人们以为每个银原子都像一个小磁铁，根据磁极排列的方向，受磁场作用偏转不同的角度。然而，观察到的不是连续的偏转范围，而是所有的原子都向上或向下偏转了相同的量。

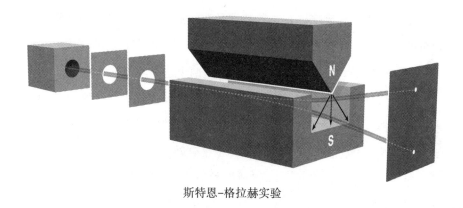

斯特恩-格拉赫实验

这个实验强调了量子自旋的大小不是关于旋转的——它是一种磁效应，但与传统磁体的预期行为完全不同。斯特恩-格拉赫实验测量了根据磁体方向定义的上下方向的"自旋"。虽然最初的实验涉及银原子，但在电子和带电离子中观察到了相同的效果①，这可能是量子计算机令人更感兴趣的效果。②

然而，测量的结果并不反映粒子与环境相互作用之前的状态。在进行测量之前，粒子处于叠加态——同时向上和向下。测量结果向上或向下的可能性不一定相等。比方说，当从某个特定方向测量时，它可能有

---

①离子是获得或失去一个或多个电子的原子，因此其带有电荷。

②简单的斯特恩-格拉赫实验实际上不能在电子上进行，因为与银原子不同，它们是带电的，移动的电荷也会受到磁体的影响；但是通过使用更复杂的设备，同样的效果可以用电子来检测。

70%的概率向上，30%的概率向下。但是就像在测量之前粒子的位置只有概率一样，在叠加态中，粒子的自旋也只有概率。

　　例如，在自旋向上和向下的概率中显示的是二元叠加的荒谬之处，薛定谔在提出他"臭名昭著"的"猫实验"时就指出了这一点。这个思想实验的想法是使用不同的二元量子结果，在这种情况下，放射性原子会衰变，抑或没有衰变。在一段特定的时间后，这种情况发生的概率是随机的。所以，在这段时间过去之后，如果原子没有和它的环境相互作用，粒子存在于"衰变"或"不衰变"这两个选项的概率状态中。

　　"薛定谔的猫"变得"愚蠢"的地方（它被描述为一个实验，但它永远不可能在现实中实现），是有一个探测器"监视"粒子。当粒子衰变时，探测器会记录下来并释放一种毒气到装有猫的盒子里。于是，过了一会儿，在盒子打开前，猫就被说成是"既活又死"。它之所以"愚蠢"，是因为粒子与探测器的相互作用阻止了粒子处于叠加态。整个想法并不表明这个实验可以进行，而是让你思考叠加的荒谬性。然而，正如理查德·费曼所说，自然是荒谬的。事情就是这样。

极化

　　实验量子计算机普遍使用的第二个量子属性是极化。像自旋一样，这是一个与特定方向相关联的属性。在传统的极化中，光子在特定方向上被极化，或者极化的方向可以在所谓的循环极化中随时间逐渐改变。当采用传统的光波方法时，极化是电波振荡的方向，但是这里我们采用的量子方法，相当于极化光子的自旋。著名的商业产品宝丽来太阳镜，相当于极化光的过滤器，因此它只允许特定方向极化的光通过。这就是宝丽来太阳镜减少眩光的原因——因为反射光通常在一个方向上极化更大，而普通光的光子在每个方向上都有极化。太阳镜镜片阻挡了通常从水平表面方向极化的光。

　　就像自旋一样，光子的极化方向往往是重叠的。这可以通过使用极化材料的实验来证明。[1]如果我们首先让光子通过与垂直和水平成45度角的偏振镜，然后通过垂直偏振镜（极化是一种常规属性），我们预计不会有光子在另一侧出现——它们都不会被垂直极化。但实际上，在通过45度偏振镜后，光子处于垂直和水平极化50：50的叠加态。这意味着一半的光子可以通过垂直偏振镜。

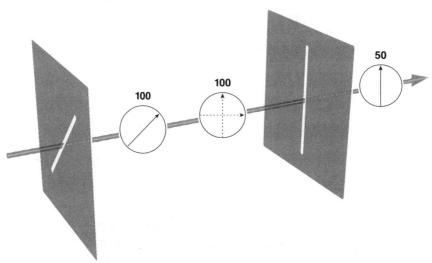

如果我们发送100个45度极化的光子，其中（平均）有50个将通过垂直偏振镜

　　这看起来可能是一半光子被垂直极化，另一半被水平极化的结果，而不是每个光子都处于叠加态，但是通过使用三个偏振镜，可以证明情况并非如此。如果我们从两个互成90度的偏振镜开始，什么都不会通过。

---

[1]你可以在家里用偏光镜片试试这个，例如用于观看3D电影的那些镜片。

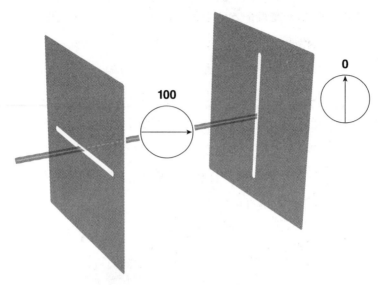

当偏振镜相互成90度时，什么也不能通过

但是如果在水平偏振镜和垂直偏振镜之间插一个45度偏振镜，就有一些光子可以到达另一边。

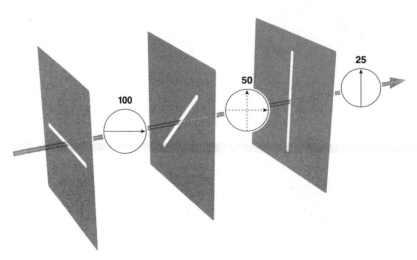

中间的角偏振镜允许一些光子通过

如果45度角偏振镜让以50∶50的比例混合的水平极化和垂直极化的光子通过，那么我们预计通过它的光子仍然是水平极化的，并且会被垂直偏振镜阻止。但是因为角偏振镜产生水平和垂直叠加态的光子，所以一些光子会到达另一边。[①]

纠缠

量子物理学还有最后一个重要的属性叫做量子纠缠，这是爱因斯坦和他的两位同事在一篇论文中提出的。事实将证明，理解这一点对我们理解量子计算机至关重要，因为它对连接量子计算设备的各个部分是至关重要的。

当爱因斯坦的论文发表时，纠缠的概念已经存在了几年。如果量子理论是正确的，量子纠缠的能力是可以预测的。这意味着，应该有可能以一种特殊的方式产生量子粒子，以至于只要纠缠仍然存在，一个粒子的变化就会立即反映在另一个粒子上，无论这对粒子相距多远。制造这种粒子最简单的方法是：例如一对光子是由一个原子中的同一个电子下降到一个较低的能级产生的，但是也有许多技术可以纠缠现有的粒子。

爱因斯坦在1935年发表的论文，以其作者爱因斯坦、鲍里斯·波多尔斯基（Boris Podolsky）和纳森·罗森（Nathen Rosen）的名字命名为EPR，尽管正式题目是《用量子力学描述物理现实可以认为是

---

①顺便提一下，三偏振器实验让人想起了液晶显示器的工作方式。显示器有背光，然后是水平偏振器（比如说）、液晶、垂直偏振器。如果任其自然发展，液晶对偏振没有任何影响，也没有光通过。但是在它上面加上电压，液晶就会旋转偏振，所以光线开始穿透到屏幕的前面。

完整的吗？》（*Can Quantum-Mechanical Description of Physical Reality be Considered Complete?*），这篇文章提供了一个思想实验来探索量子物理学是否正确。它设想产生两个纠缠的向相反方向飞出的量子粒子。过一会儿，对这两个粒子的一对属性（动量和位置）同时进行测量。根据量子理论，在进行测量之前，这些属性不会有固定的值，只有概率。但是一旦进行了测量，就会产生一个特定的值。在一个粒子上发现的东西会立即暗示另一个粒子发生了什么。为什么会是这样的情况呢？因为没有任何事物，甚至是信息能够比光传播得更快？

例如，这篇论文中讨论的属性之一是粒子的动量。确切的动量是未知的——它可能有一系列不同概率的数值。但是一旦一个粒子的动量被测量出来，另一个粒子必须在相反的方向有完全相同的动量，根据物理定律动量是要守恒的。

实际上，EPR 引起了相当大的混乱，因为它提到了两种不同的属性：动量和位置。正如我们已经看到的，在测不准原理中它们是成对的属性，很多人认为爱因斯坦以某种方式提出了一个可以同时完美测量动量和位置的实验，这违反了测不准原理。事实上，这不是这篇文章的意图。当被问及测量这两个属性时，爱因斯坦说，"Ist mir Würst"，字面意思是"对我来说它是香肠"，意思是"我一点也不在乎"。

EPR 思想实验的重点不在于同时测量，这在实践中是无法实现的，而在于测量两种属性中的任何一种会以某种方式瞬间影响任何距离上的另一个粒子。后来的思想实验使用了我们已经见过的单个量子的自旋属性（见本书第46页）。如果一个粒子在被测量时是自旋向上的，那么另一个粒子会立即变成自旋向下的。

爱因斯坦的论点是，这意味着要么粒子在被分离之前就已经知道它们将如何结束（所谓的隐藏变量，就像已经被扔出的硬币）——我们只是不知道答案是什么——要么这两个粒子可以远程相互影响，这违背了局域性的概念。这说明你只能影响某些你能接触到的东西，无论是直接的（当我推你的时候）还是间接的（我说话的声音通过空气振动你的耳膜）。因为对爱因斯坦来说远离局域性似乎很荒谬，所以他推断量子物理学是不完整的——其中有我们不知道的隐藏变量。

计量算子 让纠缠成为现实

多年来，EPR实验只是一个假设的例子。没有办法测试它，人们对它的兴趣也逐渐消失了。相比之下，量子物理学被坚实地证明它能够描述现实，且越来越有实际用途。如果量子理论不能给出精确的预测电子和光子行为的方法，在爱因斯坦论文发表几十年后开始存在的所有电子设备都不可能工作。从某种意义上说，EPR实验背后的推理是否"正确"并不重要——该理论产生了正确的数字。它成功了。

然而，在20世纪60年代，北爱尔兰物理学家约翰·贝尔（John Bell）发明了一种实用的测量方法，可以用来判断爱因斯坦的哪种可能理论是正确的。大约十年后，法国物理学家阿兰·阿斯佩科特（Alain Aspect）设计了一系列实验中的第一个实验，这些实验反复证明了是局域性不成立而不是量子理论错误——对一对纠缠粒子中的一个产生作用真的有可能在任何距离上立即影响另一个。

这些实验必须非常灵巧：必须有一种方法来确保没有时间差让信息以光速从一个粒子传播到另一个粒子——实验室内的距离很短，光速又极快，这意味着要能够对实验设置进行极快的改变。但是一次又一次的实验证明，爱因斯坦曾称之为"幽灵般的超距作用"的纠缠是真实的。

这些实验的最新版本远远超出了实验室的限制。例如，2016年，一颗名为墨子号（Micius）的中国卫星将纠缠的光子对发送到地球上相距

1200公里的位置，从而有可能在相当大的范围内展示这种效应，因为这对光子中的两个光子之间不可能发生相互作用。做到这一点并不容易——量子纠缠是脆弱的，因为如果一个粒子与其环境发生相互作用，纠缠将会丢失——但如果有足够多的粒子，就有可能保证发射出去的一小部分粒子保持纠缠。

计量算子 纠缠时间机器

使用纠缠最令人兴奋的方式，似乎是从一个地方到另一个地方即时发送信息。如果可能的话，这肯定是非常有用的。如果没有纠缠，我们的通信就被限制在光速下。每秒299792458米（在真空中），这已经相当快了。从地球上的一个地方到另一个地方，光速的传播在感觉上是接近瞬间的事。然而，对于计算机来说，这种亚秒级的延迟即使在很短的距离内也会造成问题，例如，我们向卫星发送信息，或者，对于火星基地来说，即使是光速也会导致相当大的延迟。从地球向火星发送信息的时间因两颗行星的相对轨道位置而异，但单程可能需要20多分钟。

更有趣且令人难以置信的是，如果你能瞬间发送一个信息，就有可能发送一个时间倒流的信息。这在实践中显得有点混乱，但是依赖于爱因斯坦的狭义相对论，其基本设置相对简单。这一得到广泛认可的理论认为，当一个物体在运动时，这种运动会对时间的流逝（以及其他各种事情）产生影响。例如，如果一艘宇宙飞船正在高速远离地球，从地球的角度来看，飞船上的时间运行缓慢。这意味着在旅行一段时间后，飞船上的时间比地球上的时间要少得多。

这不仅仅是一个明显但不真实的效果，就像一个物体离我们越远看起来就越小。这是真正的物理现象。从地球上看，在行驶的飞船上，时间确实走得慢。绕地球一周传输一个原子钟的实验已经完成了——当该原子钟回到基地时，旅行中的钟比留在原地的一模一样的钟走过的时间要少。[1]

现在，想象一下，一艘已经航行了一段时间的飞船，正以最快的速度飞离地球。从地球上看，那艘飞船上的时间走得慢了。这艘船已经回到了过去。如果我们能够利用纠缠向它发送即时消息，它会在我们发送的时间之前到达。这就是事情变得有趣之所在。这种情况是对称的。从旅行飞船的角度来看，地球上的时间走得慢了。从旅行飞船上看，地球在它的过去。因此，如果信息被即时传回地球，它到达的时间将在发送它的时间之前。信息已经回到了过去，不是在某艘遥远的飞船上，而是在回家的路上。

虽然目前我们不能在时差方面取得很大的成绩，因为我们的火箭与光速相比并不是很快（人类使用这种时间效果最好的机器是旅行者1号；自1977年离开地球以来，它回到了过去大约1.1秒），如果瞬时通信是可能的，这仍然将是一个不可思议的壮举。但是所有证据都表明这是不可能的。因为纠缠传递的信息是随机过程的结果。在做测量之前我们不知道测量的结果会是什么——我们无法控制结果。几十年来，物理学家一直在尝试发现利用纠缠来发送信息的机制，但都失败了。

计量
算子 **纠缠的皇冠珠宝**

无法向过去发送信息令人失望[2]，但如果纠缠没有实际应用，像墨

---

①这个实验在1971年第一次进行的时候，科学家将4个铯原子钟放置在飞机上，还有1个放在地面上作为对照。

②除非你经常买彩票。

子号卫星这样的实验就不值得投资。

实际上最容易利用的应用，就是让墨子号这样的卫星为量子加密提供基础设施。我们目前在电脑上使用的加密技术——例如，当你在网站上使用SSL安全技术时，所使用的方法（由浏览器地址栏中的挂锁表示）并非牢不可破，只是比较难以打破。但是，正如我们将在后面（本书第65页）看到更详细的内容：量子计算机有潜力在未来的某个时候破解这种加密。然而，有一种完全无法破解的加密形式，它已经使用了大约100年。

这种牢不可破的方法叫做一次性密码本。加密通常涉及一个密钥——一组字符，其值被添加到消息的值中以生成加密结果。例如，如果我的消息是"HELLO"，我使用12345作为密钥，我从H开始沿着字母表移动1步，使其成为I，从E开始移动2步，使其成为G，以此类推，产生加密文本"IGOPT"。为了破译文本，我减去密钥，回到"HELLO"。

在一次性密码本中，密钥的字符不是像我的"12345"那样简单的序列，而是随机生成的，这意味着加密文本是无法破解的。密钥上没有任何图案能让破译者推断出它是什么。然而，这个系统没有作为无可破解的加密方式被广泛使用的原因是它有一个严重的缺陷：为了能够使用它，你必须将密钥安全地发送给消息的发送者和接收者。这意味着密钥很容易被截获。

然而，在纠缠粒子的属性中，我们有一组自然随机的值，这些值只有在密钥被发送给发送方和接收方之后才会产生——因此，只要粒子在被使用之前保持纠缠状态，加密是无法破解的。[1]随着量子计算机的引入，提供量子加密的能力将变得越来越有价值。

----

①为了让量子加密发挥作用，必须进行额外的检查，例如，确保这些值在被使用前纠缠没有打破，但如果使用得当，量子加密拥有一次性密码本的一切优点，没有缺点。

然而，在这一切发生之前，必须先建造量子计算机——如果不利用纠缠的另一种应用，也就是量子隐形传送，这是不可能的。量子隐形传送有点像《星际迷航》（*Star Trek*）中的微型传送器，它涉及将一个或多个属性从一个量子粒子转移到另一个量子粒子。在正常情况下，这种转移是不可能的，因为通过观察一个量子粒子来发现它的属性会使它从叠加态变成一个"实际"的值。但是要让信息进入量子计算机并围绕它运转，正如我们将要看到的，我们需要能够利用粒子的叠加态而不去观察它。

量子隐形传送的巧妙之处在于，从来没有人发现这种属性的价值。叠加态从一个粒子转移到另一个粒子，这是可能的，因为它永远不会被"看到"。作为这个过程的结果，原始粒子失去了它的状态——在制作相当于远程副本的过程中，原始粒子被打乱了。但这确实为处理棘手的敏感量子粒子提供了一个必要的机制，这些粒子将被用作量子计算机中的比特等价物。

量子计算 我们有我们的积木

随着对计算机及其逻辑门的基本工作原理的理解，加上对量子粒子奇异性的了解，我们准备将两者结合起来，看看量子计算机如何工作，以及为什么对某些（但肯定不是所有）应用而言它有可能比传统计算机好得多。说到计算机，我们通常会首先考虑硬件——物理计算机如何工作——然后添加软件。这正是我们在了解更多传统计算机时所做的。但在通常情况下，量子计算机会颠覆一切。正如我们所见，量子算法早在量子计算机能够运行它们之前就已经存在了。那么，让我们更详细地研究一下这些算法。

第五章 量子算法

在开篇（见本书第5页）中，我们讲了格罗弗和他非凡的量子搜索算法。正如我们所发现的，这将使非结构化数据的搜索成为可能，它只需要一个程序来检查数据库中的条目，检查次数等于条目数量的平方根，而不像传统搜索那样原则上需要检查所有的条目，并且平均来说需要检查其中的一半。

该算法的数学和物理原理有点复杂，让你摸不着头脑。（如果你对量子物理学相当熟悉，可以看看"参考阅读"中的文章。）然而，格罗弗描述的原理利用了量子相互作用的奇特性质。他指出，量子力学系统可以进行他所谓的"无相互作用测量"。这个想法是，一个量子粒子可以在处于叠加态时，与一个以上的物体相互作用。

如果我们能够建立这样的叠加态，就有可能不是在每个位置寻找你要找的东西，而是通过使用一个量子粒子，它具有概率同时在一系列位置上寻找。所以，格罗弗的算法包括三个步骤。首先以叠加方式建立系统，然后进行操作，这些操作涉及改变系统的状态，系统状态改变的次数与搜索位置数目的平方根一样多。具体的状态变化取决于量子门操作所决定的条件（下一章将详细介绍量子门）。此后，对最终状态进行测量。对于一台量子计算机，我们无法得到一个确定的结果，但在超过50%的情况下，它会指向正确的项目——如果不是，就有必要重复这个过程。但总的来说，这仍然比搜索数据库中的每一项要快得多。

很明显，这种使用运算次数的平方根进行搜索的能力有可能加快搜索引擎或数据库的功能——正如我们所见，这是计算领域的基本软件，用于从账目到机票系统，无所不包。然而，几年后，格罗弗提出了第二种量子搜索算法，可以将搜索从基本的机械方式扩展到更像人脑搜索记忆的方式。为了了解这是如何工作的，我们需要快速了解一下布尔逻辑。

量子计算 布尔教授的逻辑

当我们研究传统计算机中门的工作时，我们发现它们的动作可以用"与""或"以及"非"这样的术语来表示。这些基本运算并非起源于计算机，而是源于19世纪一位名叫乔治·布尔（George Boole）的英国数学家的工作，他基本上是自学成才的。毫无疑问，布尔最大的贡献是在符号逻辑领域。

逻辑的系统应用可以追溯到古希腊，但对古希腊人来说，逻辑就是关于陈述的真假。这方面的一个例子是推论。例如，我们可能有以下语句：

> 所有的剪刀都有两把刀刃。
> 这个物体有一把刀刃。
> 这个物体不是一把剪刀。

最后一句"这个物体不是一把剪刀"是从前面几句逻辑推导出来的。这种语言操纵可能很有趣，尽管也可能有点危险。例如，如果我们尝试：

所有的剪刀都有两把刀刃。

这个物体有两把刀刃。

这个物体是一把剪刀。

我们会在推理中犯一个逻辑错误。虽然所有的剪刀都有两个刀刃是真的（根据我的开场陈述），但这并不意味着所有有两个刀刃的物体都是剪刀。例如，我可能有一把两刃的铅笔刀。

在实践中，这种推理逻辑通常很难利用，因为在现实世界中，几乎很难绝对地确信任何以"所有"开头的语句。一个经典的例子是：

所有的天鹅都是白色的。

这只鸟是黑色的。

这只鸟不是天鹅。

在去澳大利亚的游客发现了黑天鹅之前，这个逻辑推理一直被认为是一个真正的逻辑推理。事实上，我们经常能从逻辑上逃脱的只有归纳法。我们不能说所有的天鹅都是白色的，只是说我们迄今观察到的所有天鹅都是白色的，因此有理由推断所有的天鹅都是白色的。事实证明，情况并非如此。

布尔逻辑并不处理这种模糊的概念，而是将逻辑转化为一种纯粹的符号形式，组装了一种等同于算术的等价物，将逻辑状态"真"和"假"的处理可以很容易地表示为1和0。这些将成为计算机门的工作逻辑，用于处理二进制值。我们可以将这种方法用于上面使用的文本语句，或者完全概括的陈述。因此，举例来说，如果陈述A为真（比如行星在椭圆轨道上运行），陈述B为真（地球是一颗行星），我们可以说A

和 B 为真。但是如果陈述 B 是假的（比如地球是一个葡萄柚），那么 A 和 B 是假的。但在这两种情况下，A 或 B 是真的。

虽然布尔不知道情况会是这样，但正是他开发的提供逻辑语句的符号机制被证明是计算机操作的核心机制——并将被证明在扫描数据库或在谷歌搜索引擎中键入短语时，它是准确指定我们正在寻找什么的核心机制。

量子算子 对搜索引擎说话

原则上，使用搜索引擎是非常简单的。你在文本框中键入一些文本，单击一个按钮，搜索引擎将该文本与其索引进行匹配，最后在屏幕上返回一个合适的匹配列表。但是软件如何决定什么是与你输入的信息相匹配的呢？

在搜索引擎的早期[①]，这涉及严格的布尔代数。例如，如果你想找到一个男性政治家的信息，通过输入"男性和政治家"，你可以迫使搜索引擎只返回男性政治家的信息（或者，更准确地说，是包含"男性"和"政治家"两个词的网页）。类似地，输入"狗或猫"会找到提及狗、猫或两者的页面。实际上，现代搜索引擎，如谷歌和必应，对搜索查询的措辞更加宽容，会更加灵活地解释你键入的内容，尽管仍然有一种机制可以强制进行真正的布尔搜索。

尽管这些搜索引擎很聪明，但它们确实依赖于比人脑在模式匹配中更高的精确度。从某种意义上说，它们是不灵活的，你不能要求搜索像"那个有塔的镇上的铁路位置"这样的东西，而且不能要求搜索一定会

---

①我们要追溯到 20 世纪 90 年代。

成功。我用模糊①的方式问这个问题是为了寻找布莱克浦车站。在英国，布莱克浦以其小型的"埃菲尔铁塔"而闻名——当时我记忆模糊，想不出"车站"这个词。我在谷歌上尝试了这个搜索，它首先出现了奥尔顿站（原名奥尔顿塔站）的维基百科条目。29个结果之后才提到布莱克浦，然后它就不指车站了。（在一个偶然的巧合中，出现的一个更早的结果是我的出生地罗奇代尔的车站。）

让我们把这种模糊搜索提高一个档次。假设你正在寻找一个特定的建筑，但却不记得它的确切名称，或者它在哪个城市。你可能会对别人说："那栋建筑叫什么名字？它的形状有点像一本半开的书，轮廓很薄，位于两条街道的交会处。也许有15层楼高。"（如果你幸运的话）他们可能会回答："你是说纽约的熨斗大厦吗？"尽管搜索引擎已经变得更好，但这种模糊查询②的效率依旧较低，因为它们喜欢被赋予精确的措辞。

2000年，格罗弗在提出他的第一个量子算法几年之后，又提出了第二个，可以处理模糊、不确定、非结构化的数据。几年前当被问及它的用途时，他给出一个在电话簿中进行搜索的例子，尽管现在他的例子与任何在线搜索都更加相关。例如，你可能试图与你最近认识的人重新取得联系。她叫安妮，有一个常见的姓，但你不记得它是什么。可能是史密斯——50%的可能性。或许是布朗，比方说30%的可能性。或者是琼斯？可能性较小，但可能是20%。她提到她能从她的公寓里看到伦敦的夏德大厦，她的手机号码的后三位数和你表哥彼得的一样。

这是一堆杂乱的信息，不太可能100%准确——但这正是我们的大

---

①"模糊"是这种模糊数据术语的真正技术名称。

②作为娱乐，谷歌搜索的前四个结果是一本名为《计算机信息系统导论》的书；有趣的是，还有一篇关于"当你忘记书名时找到一本书"的博客文章，一篇关于"伦敦当地商业街"的文章，和一个名为"凯文·林奇"的PDF文件，不完全是我想要的。

脑一直在处理的那种混乱纠结的信息。对于计算机来说，这似乎极具挑战性，但格罗弗的"2000算法"对这种模糊性问题处理得很好，能够以指数级的速度比传统计算机更快地达到最有可能的结果——几乎可以肯定，传统计算机在最好的情况下也无法处理这种模糊程度的问题。

计量算子 质数不乘子

另一个早期的著名量子算法是彼得·秀尔的质因数分解算法，它比格罗弗的算法早了两年。与格罗弗一样，秀尔也在美国电话电报公司的贝尔实验室工作，1994年他展示了这种算法如何能够计算出哪两个质数[1]相乘产生特定的结果。正如我们所看到的，如果对于非常大的数字这种计算可以实现，这将是一个非常重要的结果，因为从乘法运算中分离出两个素数是极其困难的，这是当前互联网加密所依赖的事实。这种加密技术通常使用RSA算法的变体，RSA以其发明者罗纳德·里维斯特（Ronald Rivest）、阿迪·萨莫尔（Adi Shamir）和伦纳德·阿德曼（Leonard Adleman）的名字命名。

这三位计算机科学家于1977年在麻省理工学院（MIT）开发了RSA，但公平地说，应该提到该机制实际上是在此之前三年由英国情报中心（GCHQ）的克利福德·科克斯（Clifford Cocks）开发的。不幸的是，该算法被他的上司认为对国家安全有用，所以在RSA三人组公开了他们的方法之前一直保密，因此科克斯错过了任何可能的专利利益。

了解RSA的整个机制有点复杂，但它的核心取决于接收加密消息的

---

①质数是大于1的整数，只能被它们自己或1整除的数。前几个质数是2，3，5，7，11，13，17…

人将两个极大的质数相乘。由此产生的巨大数字，连同算法运行所需的一些其他信息，被自由地分发出去，但是只有接收者知道相乘的两个质数的值。这种公钥/私钥方法的巧妙之处在于，你可以将加密信息的密钥交给任何人，但是解密信息所需的不同密钥是保密的。RSA算法使用极大的乘数对消息进行加密，这种加密方式只有在你知道两个相乘质数后才能被破译，而这两个质数只有加密消息的接收者才知道。

找到一个数的质数因子似乎不是太大的挑战。例如，如果大数是91，不用花太多时间就能算出相乘的两个质数是7和13。但是对于一个真正巨大的数字，最好的计算机计算出其质数因子可能需要几个世纪。目前，大数最常见的大小是2048位二进制数——超过600位十进制数，尽管使用的公钥多达4096位，而且没有理论上限。你总是可以在一个密钥上加载更多的位，尽管随着密钥变大，加密和解密所花的时间也增加了——所以需要找到一个平衡点。

然而，使用秀尔的算法，目前最常用的密钥大小在一定的时间尺度上可以被分解成它们的因子，这可能会使互联网的一些加密系统受到威胁。当然，这也不全是坏事——正如我们已经看到的（本书第56页），量子技术确实使完全无法破解的加密成为可能，而且随着新计算机的速度逐年提高，还有一些替代性的传统技术变得更加实用。然而，毫无疑问，随着全功能量子计算机的问世，互联网安全的某些方面将需要重大改革。

目前这一切似乎都是推测性的。然而，爱德华·斯诺登（Edward Snowden）在2014年泄露的文件显示，美国国家安全局正在专门开发一个可能会破坏互联网安全的量子计算机的秘密项目。不仅犯罪分子对破解互联网加密感兴趣，因为许多信息系统对信息理所当然地加密，并已被恐怖分子和国家有兴趣监控的人所使用。然而，没有证据表明，美国国家安全局比世界各地大规模建造量子计算机的公开尝试更成功——泄露的文件似乎表明，如果有的话，该机构比领先的实验室稍微落后一点。

　　这种使加密超出我们当前能力范围的要求在这个领域20多年来已多少成为共识，因此，人们投入了大量努力来确保量子验证加密可用，而不需要付诸实践于还不普遍的量子加密。现有技术超越了RSA，如高级加密标准（AES），在任何合理的时间尺度内都很难破解它。还有一些新的21世纪加密算法，比如一些基于被称为网格的数学结构的算法，人们认为它们提供的加密不容易被量子算法破解。

　　在这方面，当然，秀尔算法并不完全是破解代码。将大数分解成它们的因子在许多数学应用中都很有用，格罗弗的搜索算法也是如此。后者的一个潜在用途就是解决所谓的"旅行推销员"问题。这是卫星导航系统或谷歌地图等应用程序在选择从A到B的最佳路线时必须执行的任务。

　　这是另一个看似简单的问题，就像质因数分解一样，实际上一旦问题达到现实规模，传统计算机很难破解：随着道路交叉口的数量增加，问题的复杂性迅速失控。实际上，卫星导航软件通过近似法解决了这个问题。它不一定能找到对你来说最好的路线，只是给出它能够计算出的路线中最好的路线。但是使用量子算法，应该可以比现在更容易地找到最佳解决方案。

计量算子 与量子赌博

　　研究当前所有的量子算法将太过单调乏味，特别是当一些算法被限制在非常晦涩的数学操作中时。然而，最近新开发的一种量子算法是很好的例子，因为它建立在我们已经广泛使用的现有技术上：蒙特卡罗方法。这是在第二次世界大战期间开发的，用来帮助预测核反应中的中子行为。

作为一种量子现象，中子与其他量子粒子的相互作用涉及概率性而非确定性。这种方法背后的想法是，在试图预测信息不完整但知道一些概率的事情时，有可能重复运行一种带有随机值的算法——就像重复旋转赌博的轮盘——通过这样做，建立对所需值的准确预测。它永远不会完美，但是通过足够的模拟运行，它应该足够好了。这个想法首先是由物理学家斯坦尼斯劳·乌兰（Stanislaw Ulam）设计，并由我们在第二章中遇到的约翰·冯·诺依曼进一步发展。

我们可以通过利用公开可用的带有随机成分的数据，产生简单的蒙特卡罗方法预测的效果，而不需要我们自己的随机数发生器，这要多亏英国国家彩票的工作。彩票抽奖机被设计成尽可能从游戏所需大小的球池中随机地选择球，抽取的数字记录在彩票网站上。具体来说，我要看看主要的彩票游戏。

作为一个思维实验，我将想象出于某种原因，我不知道在任何特定的彩票游戏中使用了多少个主球①，但是我能够看到前十个数字中的每一个被抽取了多少次，并且我知道在所有有统计数据的比赛中已经抽取的主球总数。然后我可以用蒙特卡罗方法来估计总共有多少个球。②

如果我们只看一次抽奖的统计数据，它能告诉我们的信息很少。在撰写本文时的最近一次抽奖中，在抽出的五个球中③，1到10之间的数字都没有抽出。由此，我显然知道至少有15个球，因为除了1到10之外，还有5个数字被抽中了——我没有别的有用的东西可以说了。但是让我们看看已经有过的每一次抽取，它给了一组合理的随机抽取的数可

----

①彩票游戏有一个"奖金球"，它不是主球抽奖的一部分，所以我忽略了它。

②当然，我确实知道彩票游戏中有多少个球，但这不是重点。知道正确的答案有助于检验我的预测。

③如果你熟悉英国国家彩票，并且知道彩票游戏要抽取有六个主球，请原谅我。

供我们进行处理。

当数据集足够大之后，每个主球都被抽了几百次。从下面的数据中，我可以看到前十个球中的每一个被抽取的平均次数是291.5，开球总数是14518。如果这些数字代表了整组球——随着实验次数的增加，结果应该越来越接近真实——这意味着抽奖池中有50个球。用于抽奖的实际球数是49个。因此，蒙特卡罗方法使我们能够很好地逼近这些值，尽管给出的信息并不完整。如果我们看一下每个球被抽取次数的整个分布，而不仅仅是前十个球，我们就能明白为什么结果有点高：

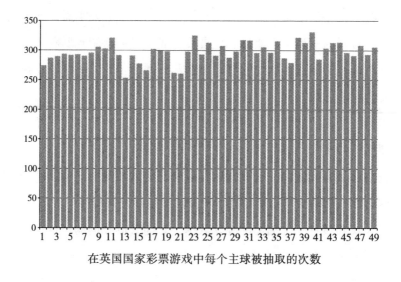

在英国国家彩票游戏中每个主球被抽取的次数

尽管每个主球的抽取次数稳定在一个合理的一致水平，但仍有一些可变性，而且，碰巧的是，前十个球并不完全具有代表性。然而，它们确实给了我们一个足够好的画面，让我们得到实际值般的良好感觉。我们的估计只差一个球。（如果你知道彩票游戏，并意识到实际上有59个球，而不是49个，并且抽取了6个号码，而不是5个，这是相对较新的规则。为了使游戏稳定多次运行，最好坚持49个球的设置。）

计量
算子 **神奇的鸡尾酒棒**

彩票的例子多少有点人为因素，因为它不是一个特别实际的结果。我们已经知道有多少个球。但它很有用，因为它是使用公开数据对蒙特卡罗方法所做的真正测试。同样的方法可以用于广泛的预测，例如用于预测金融市场、天气预报、政治预报、天体物理学、分子建模和许多其他应用中。事实上，这种方法在正式成为蒙特卡罗方法之前很久就被使用了。第一个有记录的例子由布封伯爵（Comte de Buffon）乔治-路易·莱克勒克（Georges-Louis Leclerc）在1777年提出。他提出了一种计算数学常数圆周率的方法，只需要鸡尾酒棒、地板和极大的耐心。

布封在他的时代以博物学家闻名，出版了36卷的自然历史百科全书。他研究过一个有趣的实验，如果反复将一根比地板宽度还短的鸡尾酒棒①扔到地板上会发生什么，并计算了这根棍子跨过地板之间的裂缝的次数。（你可以同时使用多根棍子，但它们往往会相互碰撞，而且，如果使用的棍子太多，就很难看清发生了什么。）布封发现，他可以用一个非常简单的公式计算出 π 的近似值：

$$\pi \approx \frac{2lt}{cw}$$

这里 l 是鸡尾酒棒的长度，w 是地板的宽度，t 是掉落的棒的总数，c 是跨过裂缝的棒的总数。圆周率是一个与圆的周长相关联的值，出现在这里似乎令人困惑，但请记住，棍子跨过裂缝的概率将取决于棍子落地

---

①实际上，在布封的时代，鸡尾酒棒可能不是一个棒，这个方法被称为"布封针"，这意味着在他的心中这是一个长的尖状物体。

的角度——一旦我们进入角度问题，就很可能与圆周率有关系了。

你可以真实地尝试这个实验（如果你没有看得见的地板，就在一张纸上画平行线），或者像我一样，你可以运行一个软件（参见"参考阅读"，获得一个方便的在线模拟器）。我扔了 10 次棍子，其中 5 次越过了一条线，给出了圆周率 2.5 的估计值。然后我又扔了 100 次。这一次，有 45 次越过了一条线，使我的估计值为 3.055556。扔到 1000 次，469 次越过了线，这与我的估计值相差甚远，为 2.958422。这是一个重要的结果，因为它强调了蒙特卡罗方法的核心是随机性。它不会准确无误地得到正确答案，不会随着每一次鸡尾酒棒的掉落越来越准确。从统计角度来说，随着时间的推移，它会变得更加准确——但以一种随机的方式。你可以想象该值在实际值附近上下随机波动，但逐渐更有可能接近真实值。

再加 10000 次，有 4363 次交叉，我的圆周率值达到 3.183016。我总共扔了 101110 次棍子，得到了 40165 次交叉，估计值为 3.146707——还不错，实际的值应该是 3.141592。这种算法需要运行很多次才能可靠地接近真实值。在我开始得到 3.141 的结果之前，我必须扔的次数要超过 500000 次——但它确实逐渐地回到正确值。和彩票游戏一样，可以有更简单的方法来计算圆周率，但布封的方法确实说明了蒙特卡罗方法具有获得未知值的良好近似值方面的能力，前提是找到合适的算法。

然而，这个例子也展示了这种方法的一个潜在问题。如果我们要得到一个合理的值，使用鸡尾酒棒实际运行这个算法将花费很长时间。记住，我扔棍子的次数必须超过 50 万次才能达到 3.141……。用电脑完成这样数量的试验次数是微不足道的——但这是一个非常简单的公式。对于更复杂的模拟，我们甚至可以挑战最新的超级计算机的极限。天气预报机构倾向于购买现有最快的计算机，这不是没有原因的。

2015 年，来自布里斯托大学的阿什利·蒙塔纳罗（Ashley

Montanaro）描述了一种量子算法，该算法只需尝试投掷次数的平方根就可以达到同样的准确度。例如，要使我的值达到3.141…，我只需要进行大约700次虚拟投掷，而不是50万次。到2019年，这种方法已经专门为定价期权而定制。（定价期权是给予购买者承诺未来交易的选择权的金融合同。）IBM的一个研究小组与摩根大通银行（JP Morgan Chase & Co .）合作，使用了量子算法的一种变体，该变体被证明使用IBM基于云的量子计算服务实现了预期的定价期权加速（有关这一点的更多信息，请参见下一章）。

计量算子 概率的世界

当我们基于一个传统的算法运行一个传统的计算机程序时，我们期望总是得到相同的结果。以本书第35页显示的生成阶乘的伪程序为例。如果我们多次运行该代码，它将总是产生完全相同的结果。但是当使用量子函数时，总会涉及到概率，在实践中，量子算法通常需要运行多次，我们才能对结果有信心。

在这方面，从量子算法中获得的结果可能更像是现代气象学家用预测软件得出的结果。天气预测很难做到精确，因为从数学意义上来说，我们所研究的天气系统是混沌的：初始条件的微小变化会造成天气随时间发展的巨大差异。[1]

到20世纪末，天气预报向前迈出了一大步，预报员不再试图准确预测会发生什么，而是多次进行模拟，每一次在计算起点的时刻给出天气

---

[1]混沌理论的研究始于气象学家爱德华·洛伦茨（Edward Lorenz）重新运行一个早期的计算机预测程序。当时他没有意识到他使用的是参数的舍入值，这些值打印出来的小数位数比计算中使用的参数少，导致最终的预测结果与最初的完全不同。

系统的测量状态非常小的变化。在这样一个"集合"预报中，气象学家可能运行他们的程序100次后，发现在一个特定的地点，60次预测将有雨。然后他们会给出我们所看到的那种预报：有60%的可能性会下雨。

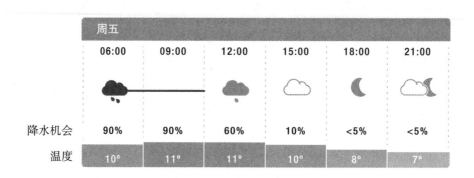

天气预测中的"降水机会"来自让软件初始条件略有变化地进行多次运行，并报告其预测的降雨概率。

类似地，当运行量子算法时，结果通常会产生概率性的结果而不是确定性的结果。这样的算法仍然可以用来加速进程，但是，在考虑提交结果的方式以及应对管理者的期望时都要考虑这种概率性。

每当媒体向公众展示调查数据时，忽视数据概率方面的危险是非常明显的。在撰写本文时，英国正处于大选活动的中间阶段。新闻媒体提供了一个跟踪各种民意测验的"民意调查跟踪系统"。据媒体报道，一个主要政党（保守党）对另一个政党（工党）的领先优势通常为10%，保守党为42%，工党为32%。这就是通常要报道的全部内容。但是民意调查跟踪系统显示了一条额外的信息（见下文）。

"可能的范围"意味着，鉴于投票的准确性，很有可能（在这种情况下，来源网站声称90%的可能性）实际值在所示范围内。因此，民调实际显示的不是保守党领先10%，而是他们有90%的可能性领先2%至18%。这才是一个统计数据告诉我们的更准确描述，但媒体认为，不管正确与否，公众都无法面对其概率和范围。然而，这正是量子计算机将产生的结果。如果量子计算机成为主流，这种类型的不确定性必须得到更广泛的理解。

党	保守党	工党
平均（%）	42	35
可能的范围（%）	(38~46)	(28~36)

在民意调查跟踪系统中两个主要政党的百分比选票

计量子算 更进一步

如前所述，除搜索、质因数分解算法和蒙特卡罗方法之外，还有许多其他算法，尽管其中许多只适用于非常专业的数学问题，而且可能永远不会有实际应用。然而，目前这些算法可用的范围相对有限。部分原因可能是在没有实际设备运行的情况下设计算法的局限性，但是完全有可能可用的算法也是有限的，因为我们不应该低估获得能够运行的量子算法的困难。然而，洛夫·格罗弗在和作者的一次会面中评论道："不是每个人都同意这一点，但我相信，还有更多量子算法有待发现。"

即使格罗弗是对的，量子计算机也永远不会取代传统计算机成为通用机器。它们有可能成为专用设备。而且，正如我们将看到的，让量子计算机工作已属不易，更不用说把它们开发成像我们熟悉的个人电脑那样强大的桌面设备了。

是时候让我们更仔细地看看量子计算世界的硬件了。

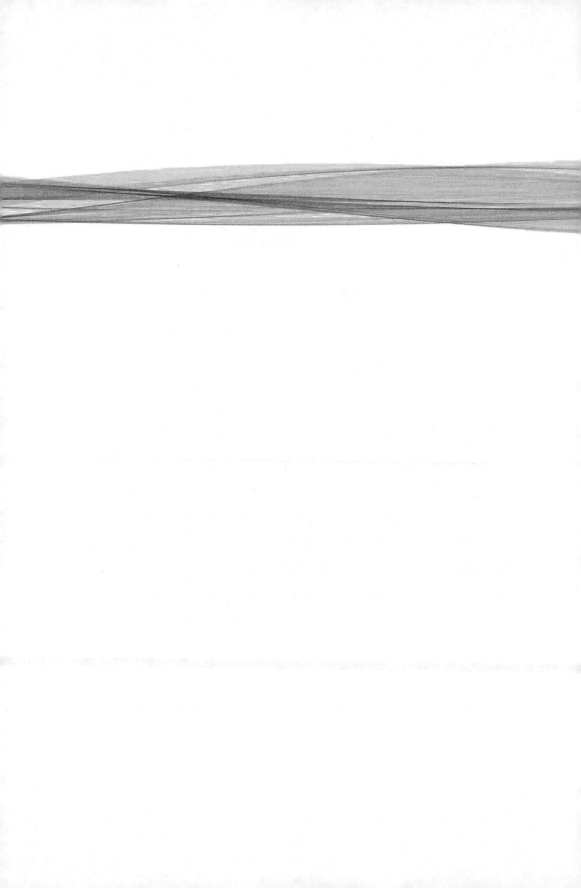

第六章　量子硬件

理查德·费曼在他去世30多年后，仍然是物理学家中的物理学家。他因为在量子电动力学（光和物质相互作用的量子物理学）方面的工作而获得诺贝尔奖。费曼参与"曼哈顿计划"研制了原子弹，是"挑战者"号灾难调查的关键人物，揭示了航天飞机爆炸的原因。他从来没有为公众写过一本书，但他却因为从他的讲座和谈话中整理出来的作品而闻名，从令人愉快的轶事到令人惊讶的畅销书，他的本科物理讲座内容收集在所谓的红皮书中。凭借广泛的兴趣和强大的想象力，费曼开始了寻找一台可以工作的量子计算机的历程。

费曼的量子模拟器

1981年，费曼在麻省理工学院发表了题为《用计算机模拟物理》（*Simulating Physics with Computers*）的主题演讲，该演讲被扩展为一篇名为《作为物理系统的计算机》（*The Computer as Physical System*）的论文。模拟是计算机的一个既定角色，经常用于物理和其他领域。例如，我们利用计算机模拟输出的天气预报。基于模拟的预测并不能告诉我们将会发生什么，相反，在计算机预测天气时，模拟是基于一系列的大气模型，这些模型运行多次，且每次在设置方式上有微小的变化。

75

这些模型在某种意义上并不针对物理对象（比如一辆模型车），而是对现实的数学描述进行简化和近似化，以便其用户可以应对一个极其复杂的系统，并使其分析切实可行。类似地，这种模型被用来模拟从量子粒子的相互作用到整个宇宙演化的一切行为。正如我们所发现的，量子世界的行为与我们熟悉的物体有着根本的不同——在模拟量子事件时对这种奇怪的行为有必要做出近似化处理。

然而，费曼提出，有一种方法可以使量子模拟变得更好——为什么不制造一种计算机，不是使用明确的0或1来模拟量子相互作用，如叠加的概率性质，而是使用实际的量子粒子作为计算机的一部分，使其直接提供更真实的量子现象模型。当然，严格来说，传统计算机在计算中确实一直在使用量子粒子——具体来说，是电子，有时是光子。但除了闪存这样的专业硬件，其使用量子粒子的方式并没有从量子行为中获得任何益处。

传统计算机在模拟量子行为时所遇到的核心问题是难以产生随机性。

随机性问题

作为人类，我们一直与随机性作斗争。快速测试一下在重复挑选0到9之间的数字时，下面这些序列中哪一个更有可能是由真正随机的设备产生的？

62317294或

66666666?

第一组值"感觉"更随机。第二个值有一个清晰的模式。因此我们把随机性和缺乏模式联系起来了。事实上，这些序列中的每一个数都同样可能是由一个真正随机的过程产生的。诚然，看起来，第一个序列的随机性将远远大于第二个序列——但实际上特定序列出现的概率相同（准确地说，是一亿分之一的概率）。

当人们被要求写下一个随机值序列时，他们几乎总是在里面放很少的重复值。在我们的头脑中，随机性应该是到处跳来跳去，出现重复是不对的。但这是人类感知的问题。计算机没有这个问题。因此，使用传统计算机来处理量子行为所固有的随机性时肯定没有真正的问题吗？

从表面上看似乎没有问题。毕竟，任何使用Excel等电子表格软件的人都可以利用一个名为RAND的函数来生成一个介于0和1之间的随机数。然而，电子表格软件的开发者对真相有所保留。传统计算机是具有确定性的。给定完全相同的一组输入，它们将总是产生完全相同的输出。[①]在大多数情况下，这也无妨。我们不希望商店的钱柜或公司的工资系统在每次计算时产生不同的值。但这确实意味着我们每天使用的计算机无法产生随机数。

事实上，传统计算机上的"随机"功能，无论是你桌上的笔记本电脑还是大学里的超级计算机，都不是随机的。如果你以同样的方式开始，它们总是会产生同样的结果。它们不是产生真正的随机数，而是利用所谓的伪随机数生成器。这种方式往往涉及一种机制，从某个数字开始，产生一系列其他数字，以一种似乎随机的方式跳来跳去。但是用同一个起始的"种子"数开始这个过程两次，它将产生完全相同的序列。

---

①从技术上来说，存在一些模糊情况，比如一个比特被宇宙射线撞击而改变，但实际情况并非如此。总的来说，相同的输入运行在相同软件的传统计算机上总是会产生相同的结果。在现实世界中，当计算机在做某件熟悉的事情时出错，这是因为用户在没有意识到的情况下做了一些不同的操作，或者有人改了程序但没告诉任何人。

随机数函数为了隐藏这种确定性，通常将函数被调用的日期和时间作为种子，精确到几分之一秒，这样就不太可能运行两次而得到相同的结果。可以用一个令人惊讶的简单公式来生成伪随机数序列，这足以满足大多数的日常需求。例如，类似这样的公式：

新数=（48271×旧数）mod

2147483647

这个公式是一个经典的伪随机数生成器，称为莱默生成器（Lehmer generator），这里使用的数值至今仍被广泛使用。"mod"是"modulo"的缩写，这意味着"新数"是括号中的数字除以2147483647而得到的余数。2147483647碰巧是一个质数，它经常（但不总是）被选择用于这个角色。

由于该方法需要一个以前的数字来开始，这就是"种子"数的来源，例如，它可能是自1900年1月1日以来的秒数（当我输入这个数的时候，它是3782991863——当然，在你读这篇文章的时候这个值会更大。产生的"新数"将介于0和2147483646之间，并令人满意地到处跳来跳去。（因为我们很少想要一个介于0和214743646之间的数字，所以该函数通常会将结果除以214783646，以提供一个更广泛使用的介于0和1之间的数字。）更复杂的伪随机数生成机制，通常是这种方法的变体或使用加密技术，但本质上，在传统计算机中使用的标记为"随机"的数值永远只是伪随机的。

计量
算子

在厄尼的带领下

伪随机值通常适用于快速电子表格计算，但可能会过于频繁地选择一些值，并且总是存在相同的"种子"数被多次使用的风险，从而导致结果的重复。然而，如果我们超越了传统计算机，就有办法绕过伪随机性的限制。许多彩票使用抽奖机，比如那些用来产生本书第68页图表数值的机器，由于数学上的混乱，它提供了一个很好的随机性近似。这意味着输出在技术上仍然是伪随机的，但它对抽奖机的启动方式非常敏感，以至于不可能正好重复一次运行，其效果是产生看起来真实随机的值。但许多英国读者将熟悉另一个随机数生成器，它采用了真正的量子随机性。它叫作厄尼（ERNIE, Electronic Random Number Indication Equipment）。

ERNIE，代表电子随机数指示器设备，是一系列同名机器中的一台，这些机器可以追溯到1957年，当时它们负责英国政府储蓄计划"溢价债券"的每月抽奖。与传统的储蓄账户不同，溢价债券的利息以如下方式将奖金分配给随机选择的幸运者，而不是平均分配给所有投资者。最初的ERNIE由汤米·弗劳尔斯（Tommy Flowers）和建造布莱奇利公园巨人计算机的团队开发，它的随机值来自霓虹灯管产生的信号噪声。这仍然是伪随机的，因为该设备利用了类似于彩票抽奖机的混沌效应，但在ERNIE中，它发生在电子管中物理条件微小变化的电子水平上。这意味着ERNIE的抽奖是真正随机的，因为被测量的事件涉及量子粒子，每个粒子都有分布位置概率，而不是固定且可预测的。

ERNIE的后来版本转向将其随机性基于晶体管中的热噪声——似乎也是伪随机的，设备内部物理条件的微小变化会导致电压的微小变化，仍然依赖于量子粒子的行为，因此可能是真正随机的。2019年推出的最新版本ERNIE 5有一个直接利用量子过程的真正随机性明确的量子随机数生成器，现在我们可以去掉"伪"这个字了。

有许多可供使用的单元可以插入传统的计算机中，以这种方式生成真正的随机值。有时候利用放射性衰变，其时间是随机的；而其他情况下，如ERNIE，利用光子的行为，例如通过分束器（一种分裂光子流的量子设备，最简单的是半镀银镜）或产生被称为参数下转换（parametric down conversion）的纠缠光子的效应之一。

为了展示如何使用这些技术，分束器可以将光束的一半射向一个方向，另一半射向另一个方向。当我们想到光是一种可以一分为二的波时，这种感觉非常自然。但是如果我们发送单个光子通过分束器呢？它不能被切成两半——这就是量子粒子的全部意义。相反，在它们被探测到到达某处之前，光子处于两个可能方向的叠加态。最终它会触发一个探测器——而且它会"走"这条路或"走"那条路。它朝哪个方向"走"完全是随机的。隐藏在ERNIE 5背后的机制正是这种光学上的随机性。

模拟的力量

这种真随机数生成器在小规模上所做的事情正是理查德·费曼在计算方面所建议的事情。模拟真正随机量子过程的最好方法就是用到一个量子过程。费曼提出，如果你有一台计算机，它不是拥有传统的比特，而是对量子粒子的潜在叠加态进行操作，你就会有一台真正有能力模拟量子系统的计算机——因为它自身就是一个量子系统。

当费曼写论文时，他考虑的不是传统意义上的可编程计算机，而是量子过程的专用模拟机。这与所谓的模拟计算机有些相似之处。在数字计算机普及之前，模拟计算机经常出现在大学、工程机构和企业中。模拟计算机不是基于明确的数值，而是利用物理对象和过程中的连续值。

例如，最受欢迎的简单模拟计算机是计算尺，它通过对数校准棒①的相互滑动来进行手工计算。其他更复杂的设备可以使用基于水流或电阻集过程的物理结果进行计算。模拟计算机通常产生近似的而不是精确的答案，并且倾向于为特定的应用而设计，而不是一般用途。

有人建议，一旦我们有了可以工作的量子计算机，我们就可以彻底改变这种模拟方法，使用量子设备来寻找数学上无法解决的问题的答案。

物理学家阿图尔·埃克特（Artur Ekert），认为情况就是这样的，他是牛津大学数学学院的量子物理学教授，也是量子加密发展的研究者之一。埃克特描述了一个用数学不可能解决，但可以用物理方法解决的问题。想象有两个房间，一个房间里有三个老式白炽灯泡，另一个房间有三个开关。每个开关控制一个灯泡，但我们不知道它们是如何连接的。如果每个房间只允许你去一次，而且当你不在房间里面的时候你都不能往里观察这两个房间，你怎么知道哪个灯泡和哪个开关相连呢？

作为一个数学逻辑问题，这是不可能解决的，因为对于你可以尝试的次数来说有太多的变量。但是埃克特指出这个问题有一个物理解决方案。你先走进有开关的房间，打开第一个开关10分钟，然后关掉它。接着你打开第二个开关，然后离开有开关的房间，进入有灯泡的房间。此时点亮的灯泡对应于第二个开关，不亮的热的灯泡将连接到第一个开

①对数利用数字的幂来工作，可以通过相加这些幂来相乘。举例来说，虽然我可能会在脑海中努力将16乘以64，但16是2^4，64是2^6，所以为了将它们相乘，我将它们的幂相加，得到2^{10}，即1024。计算尺通过将数字转换成适当的幂，并通过相对一个直尺条滑动另一个直尺条来增加或减少幂，以此来执行类似乘法的计算。

关，不亮的冷的灯泡连接到第三个开关上。

埃克特认为，量子计算机的物理能力也许提供了同等的机会，使它能够做纯数学传统计算机永远无法实现的事情。就像灯泡和开关问题一样，它将涉及不止一个物理属性的测量（例如灯泡的光和热）——但这正是量子计算机使之成为可能。无论量子计算设备最终是否会有如此非凡的能力，在费曼的论文发表后的几十年内，科学家们开始试图找出如何在计算中使用量子粒子来代替由晶体管形成的比特。这样做的部分灵感来自一个即将到来的极限的想法，即摩尔定律的终结。

计量 算子 我们能坚持多久？

首先，预测计算机容量增长率的摩尔定律不是一条定律。老实说，"定律"这个词在科技领域一直是个奇怪的说法。一方面，在现实世界中，法律是某种由人类设计的东西，有明确而严密的定义（只要写得好）。这实际上是一个非黑即白的问题——它说什么就是什么。另一方面，这样的法律对自然界没有内在的控制。法律适用的人必须同意遵守法律，然而总会有人不遵守定法，触犯定法，后果各不相同。

相比之下，物理定律不是选择的问题。举例来说，你不能"决定"你明天要违反牛顿第三定律[①]，不管你有多努力。但是这样的自然法则也很模糊，因为没有法律书籍的等价物。自然看起来肯定是有规律的，但这些规律存在于一个无法打开的黑盒子里。我们看不到白纸黑字的定

---

①牛顿第三定律是说每一个作用力都有一个大小相等、方向相反的反作用力。

律，我们只能尝试通过观察它们的效果来推断它们是什么。[1]我们对它们的理解总是要修改的。例如，牛顿运动定律在大多数普通情况下非常好，非常有用，但它们肯定不是自然的完美反映，因为这些定律不得不被爱因斯坦的相对论修改。有了爱因斯坦的工作，这些规律现在更符合现实，但不能确定它们就再也不会有差距和缺陷了。

然而，当我们谈到摩尔定律时，我们不是在谈论关于世界法则的这两种含义。摩尔定律实际上只是给我们观察到的趋势贴上标记。这个"定律"反映了作为计算机核心的微处理器能力的惊人发展。这是基于1965年戈登·摩尔（Gordon Moore）的观察，当时他在飞兆半导体（Fairchild Semiconductor）工作，后来成为英特尔（Intel）的共同创始人，他认为芯片上的组件数量每年大约翻一番，并且预计在未来十年内都会如此。几年后，其预测的速度被下调，预计大约每两年组件数量就会翻一番，这种对芯片规模的粗略测量在接下来的四十年里将继续遵循这一趋势。

如此持续的增长令人瞩目，但我们必须提醒自己，这不是自然规律。人们很容易认为这种趋势会无限期地持续下去。但这样想是错误的。这是热衷于技术发展的人经常犯的错误。之前的一个例子是记录旅行速度不可阻挡的增长。在文明存在的大部分时间里，我们被限制在奔跑或骑马时所能达到的最大速度。将近200年前的1830年，第一条客运蒸汽铁路开通，大大提高了速度。随着越来越快的演变，接下来是汽车和喷气式飞机。然后我们进入太空，速度又有了一个巨大的飞跃。

过去用过这个例子的人似乎忽略了一点，那就是这都是50年前实现

---

[1]正如我们所看到的，在现实中，科学通常做的是归纳（即根据具体观察对一般情况进行猜测），而不是演绎（从证据中得出逻辑上不可辩驳的结论）。但不知何故，"演绎"在英语中的效果更好。这可能都是夏洛克·福尔摩斯（Sherlock Holmes）的错。

的，自那以后速度就没有增加了。从人类发展的背景来看：阿波罗（人类有史以来最快的交通工具）投入使用已经有很长时间了，就像莱特兄弟第一次飞行和第一次太空发射之间的时间一样长。事实上，事情远比这一进程所描绘的加速图景更加糟糕。太空旅行仍然是一项非常专业的能力。如果你只考虑普通公众可以获得的机会，我们实际上已经从20世纪70年代协和式飞机的2000 km/h减速到仅仅900 km/h，这是现代喷气式飞机的典型巡航速度，也是21世纪普通人可以旅行的最快速度。

没有理由认为一种趋势会像以前一样持续下去。未来并不总是过去的线性延续。而现实是，摩尔定律的空间正在耗尽。诚然，至少从20世纪90年代开始人们一直在这么说，但是传统的电子设备已经没有办法绕过物理限制了。也许目前最大的希望来自石墨烯和其他超薄材料，它们可以用来生产比传统硅芯片小得多的电子设备。然而，即使这些变通方法最终也会遇到物理限制。

正如我们已经看到的（本书第42页），在非常小的尺度上，量子粒子，如导线或芯片中的电子，并不像固体粒子那样通过一根管子连接。它们能够穿越障碍。随着电路变得越来越小，要在相同的空间里塞进更多东西而不被量子效应干扰变得越来越困难。虽然很可能还会有几年的摩尔式增长，但在该领域中越来越多的人认识到，需要从所谓的"更多摩尔"转向"超越摩尔"——寻找不同的方法来增强计算机的能力。量子计算机是这一发展的先锋，这就是为什么世界上有数百个团队致力于量子计算的各个方面。

计量算子 输入量子比特

要了解量子计算机如何在物理层面超越传统机器的能力，最好从基础开始。正如我们在本书第16页看到的，无论是笔记本电脑、台式机、电话还是汽车的发动机管理系统，其核心都是处理器及其相关内存。这些设备利用比特即一个或多个晶体管的简单配置和其他能容纳或不能容纳电荷的元件，代表二进制中的1或0。在量子计算机中，比特被量子比特（cue-bit）取代：一个不可想象的代表量子比特的术语。这些量子比特通常是单个的量子粒子（或者，更准确地说，它们是将量子粒子固定在适当位置的机制）。量子比特的值不是以电荷的形式储存，而是由粒子的量子特性之一决定的，这种特性通常是自旋或极化。

如前所述（本书第46页），在任何特定方向测量时，量子自旋只能有两个值，向上或向下。因此，乍一看，它类似于常规比特的0或1。然而，由于量子粒子可以处于这些值的叠加态，一个量子比特可以有效地同时存储0和1。这让人觉得它可以使容量翻倍，如果涉及足够多的量子比特，这本身就有相当大的影响。例如，三个常规比特只能存储0到7之间的任何一个数（二进制000到111）。然而，三个量子比特可以同时利用所有八个数字。

然而，事情远不止如此。因为一个量子比特的自旋不仅仅是两个值"上"和"下"，更准确地说是"向上的概率是 x，向下的概率是 $1-x$"。这两个概率的总和必须是1（或者100%，如果你愿意的话），但"上"和"下"的比例不一定是50：50。这就是事情变得特别有趣的地方，因为实际上，一个量子比特可以代表0到1之间的任何小数值，这取决于向上和向下概率的分割比率。例如，如果你认为向上的概率为100%代

表0，向下概率为100%代表1，那么任何中间值都有效地表示向上和向下之间的某个方向，它可以表示无限长的小数。

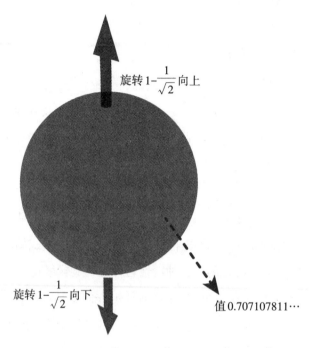

旋转 $1-\frac{1}{\sqrt{2}}$ 向上

旋转 $1-\frac{1}{\sqrt{2}}$ 向下

值 0.707107811⋯

一个量子比特可以代表向上和向下之间的任何方向，因此可以
代表0到1之间的任何值

约克大学量子信息技术学教授蒂姆·斯皮勒（Tim Spiller）为量子比特和传统比特之间的区别提供了一个有用的类比："想象一下，一个传统比特只有黑色或白色，而一个量子比特可以有你喜欢的任何颜色。"请记住，我们在这里谈论的不仅仅是熟悉的彩虹颜色，或者计算机可用的调色板，而是无限的可能性。

还有更好的情况。事实上，量子比特甚至比我们目前所给出的信息更令人印象深刻，因为量子比特并不像上图所示那样是平面的。一个量子比特的总状态通常需要两个复数在三维空间来表示它。为了清楚地了解这些是怎么回事，我们首先需要确定什么是复数。

计量 算子 越来越虚幻了

几个世纪以来，数学家兴致勃勃地摆弄与我们在物理世界中所能体验到的物体没有任何直接对应关系的数字。可以说，最先使用的这种数字是负数。我不能给你看负三个橙子或者一瓶负量的液体。但我至少可以间接使用负值。比如，我从五个橘子中拿走三个，留下两个，你可以说我给了你负三个橘子。[1]最强大的这种"非实数"是虚数，它基于-1的平方根。

在现实世界数值的算术中，虚数是不存在的。任何一个特定数的平方根是一个数，该数与自身相乘得到这个特定数。比如说，9的一个平方根是3，因为3×3=9。当你把一个正数乘以它自身，你得到一个正数；当你把一个负数乘以它自己，你也得到一个正数。[所以，9的另一个平方根是-3，因为（-3）×（-3）=9。]没有明显类型的数，在与自身相乘时会产生负值。由于现实的这种局限性，数学家们简单地将i定义为乘以自身产生-1的数。其他的虚数使用i和一个乘数显示，例如3i，它是自乘产生-9的数。数学家可以这样做是因为他们控制了自己的数字世界。

最初，负数的平方根被认为是无用的新奇事物。但是随着数学家和科学家对它们越来越熟悉，虚数被证明是非常有价值的，尤其是当它和通常的"实数"结合在一起的时候。这是因为二维平面上的任何一点都可以用一个实数和一个虚数的组合来表示，形成了所谓的复数。而复数

---

①虽然你可能会坚持说我拿了你的三个橘子。

的运算非常适合描述一个随时间演化的二维现实世界实体，比如波。自然界中可能没有虚数，但事实证明，作为一种描述自然的方式，虚数在数学世界中非常有效，因此，虚数在物理学和工程学中得到了广泛应用。

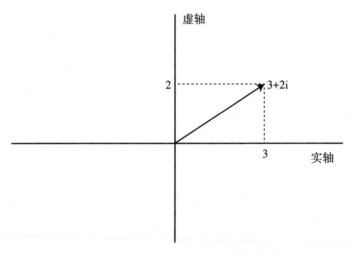

复数 3+2i，用于表示二维平面上的一个点

　　作为表示量子比特值的另一种方式，我们可以认为它由两个有限的复数来表示：用一个复数可以表示二维平面上的方向，而另一个复数可以扩展到描述三维空间中的方向。复数不能随意取任何值，因为我们只对整体方向感兴趣：组成复数的实部和虚部的两个概率值的平方必须始终等于1。所以上图中箭头的长度总是1。下图是一个稍微复杂一点的量子比特的图像，称为布洛赫球（Bloch Sphere），以设计它的物理学家费利克斯·布洛赫（Felix Bloch）的名字命名。

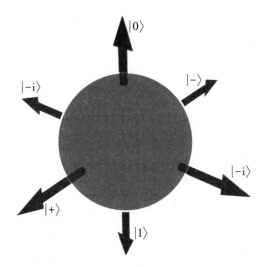

布洛赫球可以用三个轴来显示一个量子比特的状态

布洛赫球球面上的每一个轴代表所使用的量子比特性质（例如自旋）的量子状态的一个特定方面。我们将在下一节回到在它们周围有着不同寻常的标签（直括号和尖括号）的意义之所在。

由于是三维存储，即使一台看起来很小的量子计算机的容量也可能相当惊人。我写这篇文章的电脑有 24 GB 的内存，也就是 1.92×10^{11} 比特。而一台只有 100 个可访问量子比特的全功能量子计算机不仅比我现在的计算机更好，而且比现有的所有超级计算机加起来都好。然而，实现这一目标有两个问题——如何使量子比特稳定，以及在计算机周围（进出）传输信息。

计量算子 让量子比特变得真实

当研究量子算法时，我们可以谈论完美的量子比特，它们按照我们希望的方式运行。但是当建立一个实际的物理量子计算机时，我们需要构建能够工作的量子比特。这意味着要抓住一个量子粒子，将它保持在适当的位置并与之相互作用，利用它的叠加态，而量子比特不会经历退相干，这是一个与环境相互作用并失去叠加态的过程。原则上，我们可以使用任何量子粒子——比如水分子——但显然应该坚持使用更简单的粒子，因为比较容易处理，大量的努力集中在两种我们已经提过多次的粒子——光子和电子上。

光子，现在可以相对容易地以可控的方式产生丰富的数量，并且是最容易进入纠缠态的粒子，这些特性在量子计算机中通常是必要的。光子也比较容易保持叠加态，因为它们彼此之间根本不相互作用，并且与电子这样的带电粒子相比更不可能与它们周围的环境相互作用。不过使用光子也不全是好事。除非你需要，否则光是不会逗留的。事实上，爱因斯坦的狭义相对论建立在光在任何特定环境下都必须以固定速度传播的思想之上。因此我们可知，锁定光子是一项棘手的任务。

本质上，捕获光子的唯一方法是把它放进一个小小的反光盒子里。光子会在里面跳来跳去。即使这样，在传统的盒子里，光子在反射时也有发生退相干的趋势。[①]2019年，纽约城市大学的研究人员发现存储单个光子的新方法，使光子保持在一种面对退相干时它们特别稳定的状态，并且能够根据需要释放光子。光子被保存在部分开放的反射腔中。这似乎让它们很容易逃脱，但事实证明，使用某种形式的干扰让它们保持在原地是可能的。

干涉是波经历的一个过程。当波在同一个方向振荡时，它们会相互加强，而在相反方向振荡时波会相互抵消。这里是与量子粒子相关的概

---

①因为我们被这样教导，我们倾向于认为反射是光子从镜子上反弹，就像球从墙上反弹一样。实际上，反射通常涉及光子被镜子中的原子吸收，然后另一个光子被发射出来。由于退相干发生的可能性，这使得该过程充满不确定性。

率波会互相干扰。这种机制在理论上非常有效，干涉首先阻止光子进入空腔，但研究人员发现，当两个光子同时撞击它时，一个丢失，另一个当系统对它关闭时会被捕获。据其中一名研究人员米歇尔·科鲁夫（Michele Cotrufo）称："储存的光子有可能无限期地保存在系统中。"

当第二次光子爆发击中这个反射腔时，里面的光子被释放出来，这可能使光子更适合用作量子比特。这种方法还有待实验验证，但未来很有希望。

电子也有潜力提供好的量子比特。我们非常了解如何处理电子——处理电子的能力是电子学的核心。当然，它们比光子更容易保持在原位，例如使用一种被称为量子点的技术。这些微小的半导体碎片几乎就像是人造原子一样，以某种方式将电子提升到不同的能级状态来捕获电子，就像原子所做的那样（稍后将详细介绍）。

然而，在实践中，事实证明电子要扮演量子比特的角色是非常困难的。在早期量子计算机的实验中，它们经常被用作研究对象，因为它们作为单个量子比特甚至成对的量子比特时工作得很好。但是量子计算机需要在计算机内部许多量子比特之间的相互作用，以赋予它任何实际的可用性。迄今为止，获得基于电子的量子比特的相互作用结构被证明是困难的。尽管如此，在以这种方式使用电子的研究已经做了一些工作，例如利用微波将它们连接在一起。

而最常用的量子比特是相当大的量子粒子：离子。一个离子只是一个获得或失去电子的原子，因为它是带电的，所以可以使用所谓的"离子阱"使其保持在适当的位置。离子阱是一种利用电场和磁场使离子在真空中飘浮的设备，确保离子不会与周围环境接触，从而使其较慢地经历退相干。第一个量子门可以追溯到1995年，它就是用阱中的离子建造的[1]。从那以后，量子计算发展的许多进步都与离子有关。

与自旋不同，在离子中，使其成为量子比特的是电子的能级，就像量子点中的电子一样。能级的概念可以追溯到量子物理学的早期。正如我们在本书第41页看到的，尼尔斯·玻尔开发了一个原子模型，其中电子可以占据围绕原子核的不同"轨道"，但不能保持在这些能级之间。当吸收光子的能量时，电子向上跳跃一个能级，当它释放光子时，它向下下降一个能级。

当离子被用作量子比特时，处于叠加态的量子粒子的属性是它的一个电子的能级。由于这是一种量子特性，如果它不与环境相互作用，就完全有可能使一个电子随机地处于一个以上的状态，这些不同的概率提供了叠加态，使量子比特能够发挥作用。

以这种方式使用的离子需要冷却到接近绝对零度，以避免热能产生的振动，这种振动可能会破坏阱或产生退相干。温度是被测物体的组成原子能量的量度。这种能量以运动的形式出现，如在气体或液体中到处飞行的原子，或在固体中振动的原子。即使电子不在原子周围的最低能级，电子也有能量。

当我们冷却物体时，原子的能量越来越少。在某一点上，它们不得不完全耗尽能量，并且没有更低的地方可去。这就是所谓的绝对零度，即-273.15 ℃。大多数量子计算机需要降低到这个温度附近。这种温度通常用开尔文来测量，开尔文与摄氏度的大小相同，但前者从绝对零度开始，因此开尔文0度（0 K）与-273.15 ℃相同。电子可以在相对"较暖"的1 K下使用，但离子需要冷却到0.002 K左右，然后使用激光与离子相互作用。

虽然离子用电磁方法被保持在远离阱壁的地方，但如果空气中的原

---

①物理学家大卫·温兰（David Wineland）以这项工作分享了2012年诺贝尔物理学奖。

子与它们碰撞，它们仍会被迫退相干。因此，除了过冷之外，离子还需要处于极度真空中，以最小化受干扰的可能性。适当的低压室可以让离子避免碰撞长达半个小时。

迄今为止最先进的基于离子的量子计算机之一的例子是2018年开发的IonQ系统。在撰写本文时，该公司已造了三个设备。这些方法利用了镱离子，在用激光去除一个电子后，镱离子带有一个正电荷。因此，原子外壳上只有一个电子提供量子比特的功能部分。

每个离子都被固定在由100个电极包围的微小空间里，这些电极通过电磁作用将离子固定在适当的位置。在撰写本文时，该公司已经运行了基于79种离子的单量子比特量子门（下文将有更多关于量子门的内容），并将11个离子连接成一个多量子比特门。非常漂亮的是，从被激光击中的离子上读取数值——如果离子发光，它代表1，如果不发光，它代表0。

其他可能的量子比特结构包括约瑟夫森结（Josephson junction，见本书第108页）、利用钻石缺陷的氮–空穴中心量子比特（本书第103页）和拓扑量子比特。它们基于我们熟悉的粒子，如电子，但利用了所谓的拓扑效应，在这种情况下粒子能够抵抗退相干，因为它们有效地将自身的值翻倍，同时以两种不同的方式保持量子比特的值。

计量算子 量子门

正如传统计算机有充当逻辑门的电路执行诸如"非""与""或"等运算一样，量子计算机也有量子门，它不可避免地比传统计算机的门更加复杂，因为它们一次操作多个概率，而不仅仅是0和1。不过，从某一方面来说，量子门更简单，因为它们都是可逆的（除了一些特殊的操作，比如测量）。

如果穿过一扇门两次就能让你回到最初出发的地方，那么它就是可逆的。唯一可逆的传统门是非门。如果你还记得的话，它会把0变成1，把1变成0。所以，通过两个非门，把你带回到初始值。但是其他的门没有同等的能力。

在最基本的量子门中，相当于非门的是X门（X gate）。其中非门交换值0和1，X门交换值的概率，也即它们的状态。一个量子比特的各种属性的状态是用一种通用的量子符号来表示的，这可以追溯到英国物理学家保罗·狄拉克在1930年代的工作。如果我们有一个属性的度量，比如自旋，当被测量时它是向上或向下的，我们将向上表示为0，向下表示为1，那么这两个状态被表示为$|0\rangle$和$|1\rangle$。

$|?\rangle$这个符号被称为偈（ket），并有一个对等的符号$\langle?|$叫做"胸罩"（bra），组合成$\langle?|?\rangle$成为一个支架（bra-ket）。[1]狄拉克想出的这种幽默并没有现在这样的内涵，因为在狄拉克引入这个术语后，大约在1936年，作为一种内衣的"胸罩"才获得了这个名字——尽管大学生第一次接触这个术语时有传统的不适反应，但它仍然被保留了下来。

如果一个量子比特处于叠加态，被测量的向上（0）概率为a，向下（1）概率为b，组合状态被描述为$a|0\rangle+b|1\rangle$，其中a和b的平方和为1。这些值的平方是实际概率，范围为从0表示没有机会，到1表示肯定。因此，举例来说，当向上（0）的机会为40%，向下（1）的机会为60%时，a^2是0.4，b^2是0.6。所以，合并后的状态是$0.6325|0\rangle + 0.7746|1\rangle$。一旦我们有了这个符号，我们可以看到，将一个量子比特通过X门的结果是将量子比特的状态从$a|0\rangle+b|1\rangle$改变为$b|0\rangle+a|1\rangle$——它交换了概率。如果我们更详细地回顾一下上面显示的布洛赫球：

---

[1]对于有数学背景的人来说，ket是列向量，bra是行向量，而bra-ket是两个向量的内积。

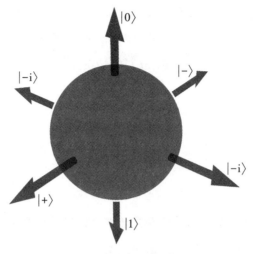

具有状态值的布洛赫球

我们可以看到 X 门沿着我们在这里表示为上和下的单一维度交换。另外两个量子门，被形象地称为 Y 门（Y gate）和 Z 门（Z gate），沿着成对的维度交换概率。因此，Y 门交换|0⟩和|1⟩以及交换|+⟩和|-⟩，而 Z 门交换|+⟩和|-⟩以及|i⟩和|-i⟩。

最常用的量子门之一是哈达玛门（Hadamard gate），以法国数学家雅克·哈达玛（Jacques Hadamard）的名字命名。（这不是因为它涉及量子计算领域——哈达玛于 1963 年去世——而是因为所涉及状态的数学变换对应于哈达玛所描述的矩阵变换。）这个门有一个有点复杂的数学函数，但是它的作用是把一个量子比特放入一个叠加态，对于|0⟩和|1⟩来说，这个叠加态的概率是相等的。除此之外，还有相当数量的其他量子门，它们对单个量子比特的布洛赫球体施加不同种类的旋转。

迄今为止，人们已经在单量子比特上做了很多工作，因为它们最容易设置。然而，要做任何实际的事情，就必须扩大规模。就像在传统计算中一样，大多数门一次处理的比特在一个以上：一台可用的量子计算机必须能够处理多个量子比特。在量子领域，多量子比特是通过纠缠形

QUANTUM COMPUTING

成量子比特的粒子来进行操作的，扩展形式的量子门可用于对多个纠缠的量子比特进行操作，例如交换附加到连接量子比特属性上的概率，或者在特殊的控制非门（CNOT gate）的情况下，由控制非门首先承担制造纠缠的角色。

量子 计算 修复错误

任何数据处理系统的设计者都必须意识到潜在的错误。在可能的情况下，系统至少应该能够识别错误的发生，并修复错误。例如，检测错误的方式通常内置于很长的数字中，这些数字很可能由人输入到计算机中，因为我们打错一个数字或交换一对数字并不罕见。一个熟悉的例子是用于识别图书的ISBN[①]（书背面的条形码），它的最后一位不是识别号的一部分，而是一个校验位。这个"假"的最后一位数字也适用于我们大多数人有时必须输入或说出的更熟悉的长数字——借记卡或信用卡号码。

大多数银行使用的卡号是十六位数字，其中前十五位是实际的卡号，而最后一位是由其他数字计算出来的校验位。单个数字不能检查如此长的数字的所有内容是否正确，但是使用被称为卢恩算法（Luhna lgorithm）的方法，可以检测出单个输入错误的数字和两个相邻交换的数字——这是常见的错误，尤其是在快速输入时——除非那些数字恰好是0和9。

例如，假设我的信用卡号码是9192 8245 2272 1739（这是一个完全虚构的号码——在撰写本文时，没有任何发卡机构的号码以91开头）。

---

①国际标准书号。

96

我拿掉最后一个数字，把它放在一边。然后我把每个奇数乘以2。如果结果大于9，我将数值的两位数相加——例如，如果结果是14，我将1和4相加得到5。[1]然后，我将十五个值——所有新的奇数数值加上所有旧的偶数数值——相加得到一个总数。就我想象中的信用卡而言，总数是71。最后，我看看需要给这个数字加多少才能使它成为10的倍数——在这个例子中是9。所以我的第十六位数字实际上是9。

现在，如果我不小心打错了一个数字，计算出的值将不再是9。例如，我把第二个数字设为7而不是1，那么计算出的值就是3。我把这个结果和9核对了一下，结果是错的——所以这个数字打错了，计算机会拒绝它。同样，如果我将位置5的8与位置6的2交换，计算出的值是6，又一次失败。诸如此类。

这种处理错误的方法会检测到错误，但不会修复它们。系统会拒绝输入，我必须再试一次。这对于人与人之间的交流来说没什么问题——但如果是系统内部的错误，要是问题能够得到解决就更好了。一种很有可能纠正错误的方法是重复每个数字多次。因此，如果问题中的数字是我虚构的信用卡的前四位数字，代替9192，我可以将其表示为9999911111999992222。相反，如果系统检测到99999111119979922222，那么第三个数字中的错误很可能是7而不是9，所以我可以将其更正回99999111119999922222。

这不是一种检查在键盘上人工输入错误的好方法，如果你的手指不小心按错了键，你很有可能会打出99999111117777722222。每一个数字都要输入很多次，这也非常乏味。然而，如果系统试图检测由于设备中的一些偶发故障而发生的错误，这将是有用的策略。

---

①将两位数字相加形成一个位数的过程叫做求数字根。

計量算子 量子校正

对于量子计算机来说，最大的风险是退相干。正如我们已经发现，当量子粒子与环境相互作用时，它们会失去叠加态。这个过程通常被描述为"经历测量"，但这意味着需要一些主动的东西——让某人或某件设备进行测量——而事实并非如此。举例来说，它可能仅仅是一个粒子与另一个粒子相互作用（在本书49—50页的例子中，粒子穿过一个偏振滤光器与该滤光器中的原子相互作用），结果粒子不再处于叠加态。

为了避免这样的问题，量子计算机需要利用不止一个物理量子比特来处理单个量子比特的信息价值（有时称为逻辑量子比特）。但是额外加入的量子比特本身会增加退相干发生的可能性。虽然构建完全容错的量子计算机肯定是可能的，但在实践中，很可能需要数百个物理量子比特来提供一个完全可靠的逻辑量子比特。由于这可能不现实，我们可能需要允许误差存在的一个宽容度，这在传统计算机中通常不会考虑。

更糟糕的是，尽管我们可以通过量子隐形传输将属性从一个粒子转移到另一个粒子，但不可能使用上面999991111119999922222的例子中所描述的简单复制方法，这意味着取每个值并将其复制多次。因为不可克隆定理——这是量子理论中的一个基本定理，不可能复制出一个一模一样的量子粒子，我们不能多次重复一个量子比特的状态。因而，量子纠错必须以不同的方式处理这个问题。

一种方法不给粒子时间去经历退相干，这可能被称为"烫手山芋"方法，即在退相干发生之前将值从一个地方传递到另一个地方。第一个实验量子计算机设备——只不过是实验室工作台上一堆连接在一起的容器——由少量量子比特组成，退相干通常发生在百万分之一秒内。实现目标的唯一方法是在第一个粒子退相干之前，将所使用的属性传送到另一个粒子。这逐渐不再是一个问题，尽管我们永远也不能指望在传统计算机中找到同样的稳定性。2013年，加拿大西蒙弗雷泽大学的一个团队在接近绝对零度的温度下，将一组量子比特保持在叠加态约3小时，如果在量子比特处于过冷状态后恢复到室温，则保持约35分钟。

像许多早期量子比特实验一样，这在任何意义上都不是一台可以工作的计算机——没有人试图对量子比特做任何事情，尽管当一个量子比特遇到量子门时，这是最有可能发生退相干的点之一。实际上，据估计，一台量子计算机大约90%的处理时间致力于控制错误，让自身变得可行。

由于无法复制量子比特，量子纠错通常依赖于连接量子比特的纠缠混合在一起，并使用量子门，如哈达玛门（见本书第95页）。早在1995年，彼得·秀尔就提出了一种9个量子比特的结构，它可以自动纠正$|0\rangle$和$|1\rangle$的交换，或者最终将整体状态从$a|0\rangle+b|1\rangle$改变至$a|0\rangle-b|1\rangle$的错误。

未来我们可能会有更好的选择，但是在写这篇文章的时候，每一个逻辑量子比特需要大约1000个物理量子比特，才能实现完全无故障的纠错。目前，最大的工作装置有大约75个物理量子比特。

计量算子　重新审视"心灵运输"

现在我们已经了解了量子态的本质以及量子比特在物理上是什么，我们可以重新审视量子隐形传输，以便更好地了解量子计算机各部分之间通信这一基本功能是如何实现的。提醒一下，在隐形传输中发生转移的是量子粒子的某种状态，比如它的自旋，从一个粒子转移到另一个可能位于远处的粒子。我们找不到那个粒子的状态是什么，并且原始粒子在这个过程中被有效地打乱了。

要实现量子隐形传输，总共需要三个量子粒子。其中一对必须已经纠缠在一起，在传输过程的每一端都需要一个纠缠粒子。这些粒子可能是由量子门产生的纠缠粒子，它们如此接近量子计算机中需要它们的地方，抑或是它们在空间上相隔很远，就像由墨子号卫星（见本书第53页）产生的纠缠光子对一样，被发送到相距1200千米之外的地面站。

第三个量子粒子，其来源通常是被用作量子比特的粒子，我们想要把它的状态转移到其他地方——要么转移到量子计算机的不同部分，要么转移到完全不同的计算机。如果是另一台计算机，该机制会被误导性地称为使用"量子互联网"。为了实现隐形传输，源粒子与附近的纠缠粒子相互作用，导致远处的纠缠粒子发生瞬变。对附近的纠缠粒子和源粒子进行测量，将使它们失去叠加态——这种测量的结果作为常规数据传输到远程粒子的位置；依赖于测量结果，远处粒子通过一个特定的过程后，现在与原始的源粒子处于相同的状态。

例如，如果我们垂直地测量局部纠缠粒子和源粒子的自旋，那么有四种可能的结果：上+上、上+下、下+上和下+下。测量结果按常规发送到远处的纠缠粒子的位置，那个纠缠粒子通过四个可能的过程之一，包括"什么都不做"和三个不同的量子门。在这个过程的最后，远处的纠缠粒子现在已经有了传送给它的原始源粒子的状态。

1997年，"纠缠"专家安东·塞林格[①]（Anton Zeilinger）和罗马的弗朗切斯科·德·马蒂尼（Francesco De Martini）及其同事们利用光子极化首次实现了隐形传输，最初是在桌面上局部实现的。并且，塞林格

[①]奥地利物理学家安东·塞林格以其开创性的量子纠缠实验与法国物理学家阿兰·阿斯佩（Alan Aspect）、美国理论和实验物理学家约翰·弗朗西斯·克劳泽（John F. Clauser）共同获得2022年诺贝尔物理学奖。

是一个表演艺术家，到2004年，他已经实现了从多瑙河的一边到另一边的极化传送。被纠缠的光子通过城市下水道系统的光纤电缆传输，而本地光子的测量信息通过微波被传送到河对面600米处。

计量算子 获取进出信息

纠缠和隐形传输对于在量子比特之间获取信息是很好的，但在某些时候，我们需要在量子计算机中获取信息。设置值并没有什么不好，因为量子门可以以各种方式初始化量子比特，但当我们想要得到一个结果时，我们会遇到一个特别痛苦的转变。量子比特是模拟的，但是作为测量结果，只能以数字方式读出它们的状态。

比方说，我们用的量子比特的状态是量子自旋，保存计算结果的量子比特有30%的概率是向上的，70%的概率是向下的。如果我们对向上/向下旋转进行一次测量，我们得不到30%或70%，得到的或者是向上或者是向下，结果是量化的。相反，要得出这个值，我们必须运行这个程序，比如说，1000次，大约有300次这样的运行得出"向上"，大约700次这样的运行得出"向下"。完成这些测量后，我们将得到一个近似的结果。但就像"布封的针"（见本书第69—70页），我们永远不会得到一个绝对完美的输出值[1]。

为了尽可能避免这种情况，那些设计量子算法的人试图制造出业内所称的"神谕"。这是参照古希腊神庙的神谕。虽然有些神谕用详细的预言进行回答，但大部分回答只是"是"或"不是"。通过精心设计，

---

[1]请注意，即使有完美的误差修正，也需要多次运行才能得到结果：这是量子测量的一个固有特点。如果我们没有完美的误差修正，那么将需要更多的运行次数来最小化误差的影响。

量子计算机处理的问题可以尽可能地表述为，对问题的回答只需要"是"或"否"，以及"在哪里"，比如测量状态为|0⟩代表"否"，|1⟩代表"是"。这并不理想，但这是处理棘手的量子态的现实。

迈向真正量子计算机的步骤

迄今为止，大部分量子计算机仍处于实验室操作阶段。乍一看，让量子计算在商业世界中更有用的最重要一步似乎是不再需要将它们冷却到接近绝对零度。显然，需要超冷环境的设备永远不会在当地的电脑商店出售——这些需要超冷环境的量子计算机永远是专业的。

然而，计算机行业在运行需要专业环境的机器方面有着悠久的历史。在苹果和康懋达（Commodore）这样的个人电脑出现之前，大多数计算机不得不被安置在专门的机房中——对于像为搜索引擎提供算力支撑的幕后硬件来说仍然如此。然后，正如我们将看到的，很有可能大多数量子计算设施将作为云服务器提供服务，在这种情况下，就不那么需要关心专门的使用环境了。

如果有必要，需要极度冷却的设备也可以搬到实验室之外。例如，大多数医院的MRI扫描仪使用的超导磁体需要专业冷却。随着时间的推移，冷却量子比特的技术变得越来越精密。例如，没有必要冷却被用作量子比特的粒子的整个环境。例如，当一个量子粒子吸收和释放光子时，可以改变它的动量。专业激光可以用这种方式有效地抑制原子和离子的运动，冷却单个量子粒子，使其在没有传统超级制冷设备的情况下不容易经历退相干。

考虑到当前量子比特的局限性及将量子比特组装到工作计算机的限制性条件——以及可用的错误检查很有限——到目前为止，已经有了相当多实验性的"一次性"量子计算设备：不是使用一台可靠、灵活的量子计算机，而是实验室中的一个装置，在一组最小的量子比特上一个量子算法至少可以成功运行一次。

例如，秀尔寻找质因数的算法第一次成功运行是在2001年，当时由艾萨克·庄（Isaac Chuang）领导的IBM阿尔马登研究中心的一个小组使用了10^{18}个特别设计的碳氟化合物分子集。每个分子中的7个原子相当于7个量子比特。这些分子经过特殊设计，使得原子之间的相互作用像量子门一样，同时对纠缠的原子云进行操作，使得有可能获得足够的结果来"制服"错误，并获得合理的概率结果。（这种方法对于更复杂的计算是不实际的。）

该系统利用了原子核的量子自旋，而不是像在离子例子（见本书第91页）中那样利用电子能级，结果是使用MRI扫描仪中的核磁共振现象进行检测。在核磁共振扫描仪中，强大的磁场用来翻转测试对象的水分子中氢核自旋方向。当磁场消失时，原子核会翻转回来，发出射频光子。实际上，实验对象体内的水分子变成了微型无线电发射器。量子计算机使用了相同原理来与特殊碳氟化合物分子的原子核的自旋相互作用。

由于这种巨大的努力，IBM设备能够使用秀尔算法计算出15的质因数是3和5。获取这些值并不难，你可以在你的头脑中做这个计算。正如我们所见（本书第24页），马特·帕克演示了一台计算机，其中的门和数据是用10000张多米诺骨牌构建的，这些多米诺骨牌被推倒来执行相当复杂的计算。然而，关键是2001次的尝试利用了秀尔算法和量子比特来得出结果。

另一个有趣的例子是荷兰代尔夫特理工大学的一项尝试，研究者使用钻石作为量子比特的宿主，免去将量子比特冷却到接近绝对零度的要求。这些是本书第93页提到的"氮-空穴中心量子比特"：钻石有一个晶格结构，其中可以容纳杂质。嵌入在晶格中的氮原子上的电子自旋状态被用作量子比特，它已被证明在室温下相对稳定，因为实际上，钻石碳原子的晶格起到了屏蔽的作用，减少了与环境相互作用引起退相干的可能性。

看起来钻石可能会成为量子比特的首选环境，这是因为它具有明显的稳定性和不需要超冷环境就能工作的能力。[①]但实际上，钻石不太可能成为量子比特的宿主。在某种程度上，这是因为找到钻石内部的量子比特并不容易。钻石与容纳单个光子、电子、离子或分子的特殊陷阱不同，它有数万亿个原子，设备必须在众多的原子中瞄准少数工作量子比特。此外，很难控制使分散在钻石周围的量子比特进入纠缠状态的方式，而这对许多量子计算操作至关重要。

通常，钻石中的量子比特要么相互隔离，要么整个集合可以与微波束纠缠在一起——但没有明显的机制来施加精确控制。更糟的是，每一个量子比特在结构上是独特的，这取决于氮周围晶体的布局。实际上，每一次选择一颗新的钻石，都必须为其结构进行单独设置，这意味着任何形式的大规模生产都是不可能的。这不仅仅是找到潜在量子比特的问题，而且系统的接线方式也必须根据钻石的布局来定制。

到2019年，代尔夫特团队拥有了一个10个量子比特的数据存储器，能够保存信息超过75秒，不可否认，这是通过借助3.7 K的不完全室温条件完成的。到了这个阶段，他们已经从基于电子的量子比特转向主要使用碳和氮原子的核自旋，这与IBM实验中的碳氟化合物分子集类似。从这里开始，他们打算扩展到包括诸如硅和碳化硅的其他材料。

---

①也可能是因为使用钻石很酷。

计量算子 虽然它不应该工作

也许IBM相对早期的有关秀尔算法的工作最奇怪的结果是发现IBM量子比特根本不应该工作。事实证明，成功计算出15的质因数的量子计算机显然有致命的缺陷。实验装置不可能免受退相干的影响，因为碳氟化合物原子的收集是在室温下进行的，在得到结果之前，计算机的七个量子比特之间的纠缠早就坍塌了。然而实验仍然有效。

仍有可能利用一堆不太"纯净"的量子比特的混乱状态进行计算，这是一种名为"不和谐"的退而求其次的方法。在传统的量子计算机中①，一个量子门可能需要两个或更多未受破坏的纠缠量子比特作为输入，然后读出结果。但是人们发现，把一个传统的、"干净"的设置好的量子比特通过这个量子门，小心地保护它不与它的环境相互作用，并且把一个量子比特放在一个更"正常"的已经受到测量的混乱状态中，也将使量子计算成为可能。量子比特不能被纠缠，但似乎有足够的相互作用来允许量子计算继续进行。

"不和谐"是对一个被观察的系统受到多大影响程度的衡量。一个传统的经典系统的"不和谐"为零，因为我们可以观察它而不改变结果。但是任何处于叠加态或纠缠态的量子系统都有实际的"不和谐"，这反映出系统与环境的交互作用有退相干的风险。似乎不和谐可以给出关联的程度，这是一种不容易崩溃的量子粒子之间的伪纠缠，可以将纯量子比特和混乱的量子比特连接在一起。

与完美设置的量子计算机相比，"不和谐"量子计算机的输出更是

---

①如果这不是自相矛盾的话。

包含不精确的结果，必须在多次运行中求平均值。不过，只要重复次数足够多，结果似乎是可靠的。我们在一台"不和谐"的计算机中所拥有的仍然是一个量子装置。它确实需要至少一个纯净的量子比特免受退相干的影响，尽管其余的量子比特都处于正常的经典状态，但"不和谐"本身就是一种量子效应。如果一个纯量子比特变得混乱，整个过程就会崩溃，无法运作。但在此之前，几乎可以认为，在剩余的量子比特的混乱中添加噪声和无序，会比精心保护不受环境影响的量子计算机更好、更稳定——对于任何试图建立商业模型的人来说，这无疑是一个充满希望的想法和与退相干的威胁作斗争的方法。

目前，这种方法的用途有限，因为我们只有能够利用非常简单的"不和谐"连接机制的数学知识。到目前为止，实验物理学家们还在等待理论家们赶上来。希望很大，并且"不和谐"被人们认真对待。2012年在新加坡举行了第一次"不和谐"会议，有70多名研究人员参加。这种量子计算的混合方法在一定程度上证明了为什么一项有时看起来与实用性相去甚远的技术仍在世界各地继续研究。

计量算子 成为现实

超越实验室基本试验架构的任何真正的量子计算机很可能大部分都是传统的——一种大规模的传统计算机，它将一些超出传统的计算交给量子模块，这将需要某种与传统数字世界的接口。例如，IBM已经提供了与一台非常小的量子计算机在线交互的能力——这很有启发性。

也许，在未来，我们不可能在每个桌面上都看到量子计算机，而是传统计算机"云"连接到专业环境下的量子计算机，这些量子计算机位于它们所需的极端物理条件下。

在某种程度上，这种关于量子计算机如何工作的愿景与现代天文学的工作方式非常相似。在天文学发展的早期阶段，每所大学都有自己的天文台，天文学家会使用他们自己的本地望远镜。现在大多数专业望远镜都在遥远的地方（甚至在太空）。天文学家将在预定的时间从他的办公室连接到这些专业望远镜，并远程使用这些专业望远镜，直到时间段属于别的人。我们很可能会看到量子计算机以同样的方式发展。

通过这种方法，我们正从量子计算机的概念转向量子计算。实际上，系统的量子部分变成了次要部分处理器，就像现在，我们通常期望计算机有一个独立的图形处理单元来处理特定计算。唯一的区别是，量子处理单元不是内置在本地机器中，而可能是远程操作的。

计量算子 获得霸权

谷歌在2019年9月声称"实现了量子霸权"，这是量子计算历史上的一个有益发展，让我们感受到迄今为止该领域所取得的成就和这些成就所带来的限制。这是一个妄自尊大、听上去冠冕堂皇的说法：已经进行了用任何现有常规计算机都无法进行的计算。

谷歌团队在美国宇航局网站上发表了关于这项成就的一篇论文，给人一种神秘的感觉，在许多人阅读之前就被迅速删除了。但《金融时报》（*Financial Times*）已经下载了一份，并进行了报道。似乎谷歌团队已经从公众视野中撤回了他们的草案，因为他们为这篇论文找到了一个更有声望的归宿，这篇论文几周后以《使用可编程超导处理器的量子霸权》（*Quantum Supremacy Using a Programmable Superconducting Processor*）的题目发表在《自然》（*Nature*）杂志上。

谷歌团队最初试图使用72个量子比特，但发现这太难控制，而且由于浪费时间，不得不放弃在2017年之前实现霸权的最初预测。他们削减到53个量子比特处理器，并进行了反复实验，以便能够读取结果，声称他们名为Sycamore的处理器"对量子电路的一个实例进行100万次采样需要大约200秒——我们目前的基准是，最先进的经典超级计算机完成同等任务将需要大约10000年"。

这个断言太好了：但它经得起推敲吗？计算机承担的任务是证明它"随机"生成的数字是否确实是随机的——这是一种内省算法。该设备能够证明这种明显随机的数据流具有一个传统超级计算机无法做到的潜在模式。作者建议这种方法也可用于优化、机器学习和材料科学，尽管该设置没有足够的容错能力供更著名的量子算法实现任何有用的东西。

这里使用的超导量子比特是所谓的"传输子（transmon）量子比特"，这是耶鲁大学在2007年开发的一项技术，它利用了被称为约瑟夫森结的量子结构。这些结是超导体对，它们之间有势垒。超导体是一种完美的电导体——它没有任何电阻，所以电流可以在其中永远流动。这是一种量子效应，通常只有当材料非常接近绝对零度时才可以使用。

在这样的环境中，成对的电子结合在一起，形成称为库珀对（Cooper pairs）的结构，就好像它们是一个整体，可以不受阻力地穿过物质。这些库珀对隧道穿过约瑟夫森结中的势垒，正是这些电子对提供了传输子量子比特。要做到这一点，需要对设备进行严格的冷却，而不仅仅是对量子比特进行冷却，在这种情况下，要达到0.02K以下的温度。

谷歌团队对量子霸权地位的吹嘘并非无可争议。IBM的研究主管达里奥·吉尔（Dario Gil）称谷歌的说法"完全错误"。这是因为谷歌设备只使用专业技术，只能进行非常特定类型的计算，而不是一台通用的量子计算机能够承担整个范围的量子算法。几周后，吉尔在IBM的同事埃德温·佩德鲁特（Edwin Pednault）、约翰·戈纳尔（John Gunnels）和杰·甘比塔（Jay Gambetta）更进一步挑战了"霸权"已经实现的观点，要求量子计算机有远远超过传统机器的速度。

根据IBM三人组的说法，他们估计在一台传统的超级计算机上完成这样的任务不需要"大约10000年"，用田纳西州橡树岭国家实验室的顶峰（Summit）超级计算机2.5天就能完成。在撰写本文时，"顶峰"是世界上最快的计算机，它目前的运行速度为1.435 petaflops，理论上能够运行200 petaflops[①]，尽管预计顶峰超级计算机将被目前正在为橡树国家实验室岭建造的下一代前沿超级计算机 Cray Inc超越。

不可否认，超级计算机需要2.5天，仍然比量子计算机完成这项任务所花的时间长得多——虽然实验证明了量子设备相对于传统超级计算机的优势，但这并不代表它那无可争议的"霸权"。根据IBM研究人员的说法，谷歌犯的错误是大大高估了超级计算机需要的时间，因为谷歌团队没有考虑超级计算机可以利用大量硬盘存储的好处。

无论你是否同意细节上的细微之处，反对者都有一个观点：这不是一个实际上有用的应用程序——它是一个围绕设备设计的任务，而不是一个为完成有价值的任务而构建的设备。与超级计算机比较，量子计算机很可能是有缺陷的。即便如此，这仍然令人印象深刻地展示了真正的量子计算机的潜力，要记住谷歌的Sycamore处理器只是涉及53个量子比特的机器。

---

①petaflops是计算机处理速度的度量单位。"flops"是"每秒浮点运算次数"，即每秒执行完成的浮点（十进制）数的运算次数，而 peta 前缀表示 10^{15}——1000万亿。

计量算子 量子高尔顿钉板

如此多的实验室都在挑战量子计算的极限，试图成为下一个最伟大的事件，把它们都列出来会很乏味，但值得一提的是一种替代方法：和谷歌的尝试一样，不是装备一台通用的量子计算机。这是另一种利用量子效应产生结果的专业设备，计算结果在传统计算机上需要很长时间才能再现，它采用的是一种非常不同且更强大的量子比特概念。

这个实验装置的工作过程被称为玻色子取样。玻色子是两类基本粒子之一，另一类是费米子。费米子可以被归类为物质粒子（如电子和夸克），玻色子往往与力有关，最著名的这种粒子是电磁力的载体，光子。玻色子取样被描述为有点像高尔顿钉板（一种在美国被称为"豆浆机"的设备）。在这些精巧的用来演示一种被称为中心极限定理[1]的数学原理的装置中——或者简单地说是一种演示概率游戏的装置——球在钉板顶部被释放，当它下落时，它被一组对称排列的销钉反弹，最终到达底部许多口袋中的一个。[2]

在玻色子采样中，使用的是光子而不是球，并且用分束器代替销钉。正如我们在查看ERNIE随机数生成器（本书第79页）时发现的那样，这些装置如半镀银镜或双棱镜，它们分割光线的路径，并在光子一次通过一个时产生叠加。2019年11月，中国科学技术大学的潘建伟、陆朝阳及其同事进行了一次操作，在该过程结束时检测到了14个光子。由于多重相互作用和叠加，玻色子取样装置有效地同时对许多不同的光

---

①中心极限定理有效地展示了如何为相应的随机贡献构造正态分布（钟形曲线）。

②一种类似高尔顿钉板的装置出现在英美电视游戏节目《墙》中。

基高尔顿钉板进行取样。这一结果很难用传统的计算机来计算，因此如果更多的光子能够参与进来，就有可能展示有限形式的优势。

事实证明，扩大实验规模是困难的，因为光子既需要是单独的，又需要在同一时刻产生。在最好的情况下，20个光子中有14个通过了。潘建伟等实验者希望在一年内获得30~50个光子的实验，这就可以进行足够复杂的计算了。它将能够证明量子的优势，尽管作用单一，也并不是特别适合量子计算的应用。

你可以买一台量子计算机……算是吧

当你现在去一家公司买一台量子计算机时（如果你有几百万美元的闲钱你当然可以去买），你会有些奇怪地发现量子计算机似乎离商业投资风险相距甚远。我们讨论的公司是D波系统（D-Wave Systems），它在2007年推出了它的初始型号量子计算机（用量子计算的术语来说）。这家加拿大公司在2011年推出了其第一款商业产品"D波一号"（D-Wave One），拥有128个量子比特，售价1000万美元。自那以后，它已经推出了许多产品，最近的D波2000Q（D-ware 2000Q），拥有2048个量子比特。D波系统预计将在2020年的某个时候推出一款基于其实验性"飞马"芯片（Pegasus chip）的设备，该设备拥有"超过5000个量子比特"。毫不奇怪，鉴于量子计算的潜在搜索优势至关重要，所以谷歌一直高度参与D波系统的开发。

D波产品看起来像一台典型的超级计算机——一个位于受控环境中的大而闪亮的商业盒子，而不是随处可见的笔记本电脑或手机，但它仍然是一个封装产品，不像构成所有其他量子计算机的一次性实验室组件，后者仅以一小部分量子比特进行工作。显而易见的问题是：如果量子计算机问题已经被D波破解，为什么所有这些实验工作还在继续？这个问题的答案是，就像谷歌的芯片和玻色子采样设备一样，D波只是一种量子计算机。

让我们更精确地说。D波系统的产品是量子计算机，但像那些实验例子一样，它们利用了一种非常特殊的量子过程，这种过程不能提供与传统量子计算机相同的灵活性和开放性，并且无法运行我们已经遇到的简单量子算法。D波计算机使用的主要技术（已经有了一些变体）是一台绝热量子计算机。但好消息是，它似乎比其他更具实验性的非通用量子计算机更有能力。

"绝热"一词来自希腊语，大致意思是"不能通过"。它通常用于热力学，即热物理学，指的是一条显示气体压力和体积变化的曲线，不涉及热量转移，或者不涉及热量进入或离开系统的过程。在D波计算机中，这表明它没有使用量子门进行处理，实际使用完全模拟的计算方法，依赖于一种称为"量子退火"的过程——事实上，这比大多数量子计算机更接近理查德·费曼的原始想法。

"退火"通常是指对材料进行热处理即通过加热来改变它的性质。在D波计算机中它指的是使用量子比特的最低能级状态来寻找一个解决方案。这台计算机首先是这样设置的，正在寻找的解决方案可以用量子比特达到它们可能的最低能级状态来表示。量子效应使计算机能够有效地穿越障碍到达低能级状态，否则这个低能级状态不会被发现。这是一个与传统的量子算法编程非常不同的过程。

实验性量子退火处理器的早期示范之一只有4个量子比特，它被用来解决寻找143的质因数的问题。（这不是RSA加密级别，其质因数是13和11。）这并不是特别快——一部手机的处理器可以更快地实现这一结果——但只用4个量子比特就能做到这一点令人印象深刻。然而，作为一个量子退火处理器，不可能使用超快的秀尔算法来完成这项任务。

的确，D波计算机在特定任务上比一些传统计算机要快得多。到2010年代中期，D波系统指出他们的计算机解决某些问题的速度比数字计算机上的传统软件快3600倍。虽然这是真的，但这种说法似乎有点夸张——这是一种运行在价值数百万美元的设备上，专门为特定目的而调整的量子退火算法，而不是个人电脑上的通用软件。

在撰写本文时，D波系统声称现在在D波计算机上有"超过150个早期应用程序"在运行，但不清楚其中有多少比现有的传统应用程序更快或能够实现任何实际功能。其相当数量的应用是在优化领域，这往往涉及如线性规划这样的数学过程，它们具有与退火方法相似的结构。举例来说，它可能被用来寻找用最低成本执行某项任务的解决方案，就像退火量子比特搜寻最低能级状态一样。其他建议的应用包括图像识别和模拟，这也是D波计算机的模拟性质似乎特别适合的过程。

似乎毫无疑问，D波计算机将继续存在，但从某种意义上说，它分散了人们对"真实的"、更普遍的量子计算工作的注意力。

计量子算 还会有更多

也许在所有主题的科技图书中，量子计算是最前沿的。我们现在已经积累了大约20年的算法和实验装置的发展——但是它在计算中会成为一个重要的力量吗？

第七章　到无限和更远

量子计算的前景毋庸置疑——但同样其挑战也不应被低估。我们已经可以见到实验室中的许多小规模设备，但它们都容易出现重大错误，因为我们根本没有足够的物理量子比特来制造一个纠错的设备。

计量子算 我们到了吗？

最后，如果一个终端产品与传统计算机相比没有优势就没有意义。对于那些建立实验平台的人来说，能够更好地了解这种量子设备是怎样工作是很好的。围绕让量子比特运作所需的微妙平衡行为总会存在智力上的挑战。但要让量子计算成为现实世界中的重要资源，就需要量子霸权——能够在合理的时间尺度内做一些目前不可能做到的事情。尽管我们已经看到谷歌声称他们的专业设备具有量子霸权，但就其本身而言，这显然更像是一种宣传噱头，而不是一项重要的量子计算应用。

迄今的事态发展有希望的迹象，但显然还有很长的路要走。物理学家约翰·普雷斯基尔（John Preskill）是加州理工学院一名经常在该领域发表评论的人，他表示，我们正在寻找一个类似在未来30年的时间范围内，能够达到运行普遍的量子计算算法的全尺寸机器。一些人认为这是不必要的悲观——我们在过去20年里确实取得了巨大进步——但其他人指出这是一个与开发核聚变反应堆同样棘手的任务。专家们认为量子计算机离实用化至少还有50年时间，并且仍然需要这样长的等待时间才能在商业上可行。

量子计算的发展也许更接近人工智能（AI）的发展。在1960年代和1970年代的巨大热情之后，人工智能经历了一个被称为"人工智能冬天"的时期。早期的狂热分子极大地夸大了在合理的时间尺度内可能实现的目标，并试图复制人类的通常智力——一些类似于大脑的运作——而不是挑选特定的、目标明确的应用程序。

自20世纪90年代人工智能复兴以来，人工智能选择了一些有希望取得巨大成功的特定领域。尽管人工智能的能力仍有被高估的趋势——例如，有人认为自动驾驶汽车几乎就在眼前，但在本世纪30年代之前，不太可能在普通道路上经常见到它们——但毫无疑问，人工智能现在正在实现真正的、有时是有价值的结果，即使我们已经学会了警惕它混淆因果关系和相关性的能力，以及产生有偏见的或无法解释的结果。

类似地，量子计算机一再被过度吹嘘，科技公司又低估了量子计算机实现无错误输出、构建足够的量子比特或让其在有用的时间尺度内运行的难度。然而，我们看到的小进步对未来来说是令人鼓舞的，特别是量子计算作为以云计算为基础的传统硬件的附件。

量子计算 婴儿学步

我们在目前进行的许多实验中可以看到，阻碍量子计算机运行的问题正在逐渐消失。例如，正如我们在上面看到的（本书第91页），离子经常被用作实验量子比特。目前，基于离子的量子计算机往往速度缓慢，尺寸有限，因为用于与之交互作用的导线和激光占用了太多空间。

但在2019年，牛津大学的一个小组设法绕过了这个特殊的问题。

克里斯托弗·巴兰斯（Christopher Ballance）和他的同事们产生了持续时间很短的激光脉冲，这些脉冲在光束的每一半被使用之前通过一个分束器提升锶离子的能量。在这种情况下，随着离子中受激电子失去能量，它们进入两个可能能级的叠加态，结果是它们发射的光子与离子纠缠在一起。然后使用分束器将光子本身纠缠在一起，导致离子相互纠缠在一起。与其他实验不同，离子阱被很好地分离——大约相隔5米——因此没有缩放限制。

为了感受这种方法引起的进展速度，回到2007年，纠缠1对离子通常大约需要16分钟。到2014年，每秒钟大约会有5对离子纠缠在一起。用这种新方法，每秒钟有182对离子纠缠在一起。尽管还需要更多的离子对，但这是将量子计算从实验室推向实用所必需的大幅度地扩大规模。例如，预计用这种技术每秒钟能够纠缠超过1000个离子对，还很可能超过10000对。

另一个可能改变这个行业的方法是硅片。正如我们所见，目前大多数量子比特是独立的物理对象，有时在真空腔体等处需要相当多的量子比特。显然，如果我们能够利用我们现有的广泛的专业知识生产极其复杂的硅芯片，在现有的构造技术基础上，在芯片上使用某种形式的量子比特将是很理想的。

这个概念经常出现，至少可以追溯到20世纪90年代末，当时澳大利亚新南威尔士大学的布鲁斯·凯恩（Bruce Kane）提出了在硅片中嵌入磷原子的想法，使用原子的核自旋，就像在钻石结构中所做的那样（见本书第104页），使用核磁共振与它们相互作用。

这种硅基量子芯片将有潜力容纳足够的量子比特来进行大规模纠错，或许可以容纳一百万到一亿个量子比特。为了避免热噪声，该系统仍然需要冷却到接近绝对零度，但会比目前许多量子比特阵列紧凑得多。

迄今为止，已经有实验装置将这种技术用于单量子比特和双量子比特——这确是一种达到数百万量子比特的一种方法——正如其他量子比特方法所表明的那样，有效的缩放将是必不可少的测试。从实验来看，在硅片中嵌入量子点似乎比磷原子更有效。

计量 算子 接下来还有很多

虽然量子计算革命可能需要至少10年或20年才能足够成熟，具有与人工智能现在开始产生的相同影响，但该技术正朝着正确的方向前进。

当理查德·费曼在1981年谈论量子计算机时，这个领域还只是科幻小说。我们在以固态电子学的形式驯服量子技术方面取得了令人难以置信的成功，但量子计算机可能似乎还很远。不过，现在我们可以期待不断的突破。量子比特永远不会接管世界——但它们即将崭露头角。

量子计算革命是一个缓慢的攀升过程，而不是一个戏剧性的转变。但它正在进行之中。

参考阅读

1. 第一章

《梅纳布雷亚回忆录》：可在线获得

托尼·克里斯蒂（Thony Christie）对艾达·金的编程贡献的分析发表在他的博客：《文艺复兴时期的数学》（*The Renaissance Mathematics*）

格罗弗的量子搜索论文《量子力学有助于大海捞针》：可在线获得

2. 第二章

计算通史：《通用机器》（*The Universal Machine*），伊恩·沃森（Ian waston），哥白尼出版社，2012

从个人计算的角度看计算的历史：《当计算变得个人化》（*When Computing Got Personal*），马特·尼科尔森（Matt Nicholson），马特出版社，2014

阿伦·图灵：《图灵：信息时代的先驱》（*Turing, Pioneer of Information*），杰克·科普兰（Jack Copeland）牛津大学出版社，2014

约翰·冯·诺依曼：《约翰·冯·诺依曼：开创现代计算机的科学天才》（*John von Neumann: The Scientific Genius Who Pioneered the Modern Computer*），诺曼·麦克雷（Norman Macrae），美国数学学会，2000

通用图灵机：艾伦·图灵的论文《关于可计算数及其在决策问题中的应用》可在线获得

3.第三章

应用于现实生活的算法：《赖以生存的算法：人类决策的计算机科学》（*Algorithms to live By: The Computer Science of Human Decision*），布莱恩·克里斯蒂安（Brian Christian）和汤姆·格里菲斯（Tom Griffiths），威廉·柯林斯出版社，2016

4.第四章

量子物理概论：《破解量子物理》（*Cracking Quantum Physics*），布莱恩·克莱格，卡塞尔出版社，2017

量子物理应用探索：《量子时代》（*The Quantum Age*），布莱恩·克莱格，图标书局，2015

量子纠缠：《量子纠缠》（*The God Effect*），布莱恩·克莱格，圣马丁出版社，2006年

EPR论文：可在线获得

5.第五章

逻辑:《逻辑的艺术》(*The Art of Logic*),尤金妮亚·程(Eugenia Cheng),简介书局,2018

概率与生活:《骰子世界》(*Dice World*),布莱恩·克莱格,图标书局,2013

鸡尾酒棒投掷模拟器:可在线获得

使用量子计算机处理蒙特卡罗方法,《蒙特卡罗方法的量子加速》(*Quantum Speedup of Monte Carlo Methods*),《皇家学会学报 A:数学,物理和工程科学》,2015

量子计算机和期权定价:《使用量子计算机的期权定价》(*Option Pricing Using Quantum Computers*),尼基塔斯·斯塔马托普洛斯(Nikitas Stamatopoulos)等,《量子》,2020

6.第六章

费曼关于量子计算的演讲:理查德·费曼,《用计算机模拟物理》,《国际理论物理杂志》(*International Journal of Theoretical Physics*),1982

捕获单个光子:《耦合腔-原子系统中单光子嵌入本征态的激发》(*Excitation of Single-Photon Embedded Eigenstatesin Coupled Cavity-Atom Systems*),米歇尔·科鲁夫(Michele Cotrufo)等,《光学设计》,2019

IBM 的云中量子计算:可在线获得

谷歌量子霸权:《使用可编程超导处理器的量子霸权》,弗兰克·阿鲁特（Frank Arute），库纳尔·艾莉亚（Kunal Arya），瑞安·巴布什（Ryan abbush）等人，《自然》，2019

D-波量子计算机：资料可在线获得

7.第七章

人工智能：《人工智能：现代魔法还是危险的未来？》（*Artificial Intelligence: Modern Magic or Dangerous Future?*），约里克·威尔克斯（Yorick Wilks），图标书局，2019

不远未来的某一天，我们将对支撑日常生活及工作的量子计算熟视无睹。它将把人类从繁琐、复杂以及高重复性工作中逐步解放出来，使我们得以把更多注意力投射到想象和构思之上。药物设计、航空航天、人工智能、星际旅行等工作场景都将极大地受益于量子计算的发展与应用。

在《量子计算》这本书中，布莱恩·克莱格将带领我们回溯计算与程序的历史，并解释量子计算背后的物理原理和技术，加深我们对量子计算的认识。

布莱恩·克莱格（Brian Clegg），英国理论物理学家，科普作家。克莱格曾在牛津大学研习物理，一生致力于将宇宙中最奇特领域的研究介绍给大众读者。他是英国大众科学网站的编辑和英国皇家艺术学会会员。出版有科普书《量子时代》《量子纠缠》《科学大浩劫》《超感官》《十大物理学家》《麦克斯韦妖》《人类极简史》等。

他和妻子及两个孩子现居英格兰的威尔特郡。

门外汉都能读懂的世界科学名著。在学者的陪同下,作一次奇妙的科学之旅。他们的见解可将我们的想象力推向极限!

1	平行宇宙（新版）	〔美〕加来道雄	43.80元
2	超空间	〔美〕加来道雄	59.80元
3	物理学的未来	〔美〕加来道雄	53.80元
4	心灵的未来	〔美〕加来道雄	48.80元
5	超弦论	〔美〕加来道雄	39.80元
6	宇宙方程	〔美〕加来道雄	49.80元
7	量子计算	〔英〕布莱恩·克莱格	49.80元
8	量子时代	〔英〕布莱恩·克莱格	45.80元
9	十大物理学家	〔英〕布莱恩·克莱格	39.80元
10	构造时间机器	〔英〕布莱恩·克莱格	39.80元
11	科学大浩劫	〔英〕布莱恩·克莱格	45.00元
12	超感官	〔英〕布莱恩·克莱格	45.00元
13	宇宙相对论	〔英〕布莱恩·克莱格	56.00元
14	量子宇宙	〔英〕布莱恩·考克斯等	32.80元
15	生物中心主义	〔美〕罗伯特·兰札等	32.80元
16	终极理论（第二版）	〔加〕马克·麦卡琴	57.80元
17	遗传的革命	〔英〕内莎·凯里	39.80元
18	垃圾DNA	〔英〕内莎·凯里	39.80元
19	量子理论	〔英〕曼吉特·库马尔	55.80元
20	达尔文的黑匣子	〔美〕迈克尔·J.贝希	42.80元
21	行走零度（修订版）	〔美〕切特·雷莫	32.80元
22	领悟我们的宇宙（彩版）	〔美〕斯泰茜·帕伦等	168.00元
23	达尔文的疑问	〔美〕斯蒂芬·迈耶	59.80元
24	物种之神	〔南非〕迈克尔·特林格	59.80元
25	失落的非洲寺庙（彩版）	〔南非〕迈克尔·特林格	88.00元
26	抑癌基因	〔英〕休·阿姆斯特朗	39.80元
27	暴力解剖	〔英〕阿德里安·雷恩	68.80元
28	奇异宇宙与时间现实	〔美〕李·斯莫林等	59.80元
29	机器消灭秘密	〔美〕安迪·格林伯格	49.80元
30	量子创造力	〔美〕阿米特·哥斯瓦米	39.80元
31	宇宙探索	〔美〕尼尔·德格拉斯·泰森	45.00元
32	不确定的边缘	〔英〕迈克尔·布鲁克斯	42.80元
33	自由基	〔英〕迈克尔·布鲁克斯	42.80元
34	未来科技的13个密码	〔英〕迈克尔·布鲁克斯	45.80元
35	阿尔茨海默症有救了	〔美〕玛丽·T.纽波特	65.80元
36	血液礼赞	〔英〕罗丝·乔治	预估49.80元
37	语言、认知和人体本性	〔美〕史蒂芬·平克	预估88.80元
38	修改基因	〔英〕内莎·凯里	预估42.80元
39	麦克斯韦妖	〔英〕布莱恩·克莱格	预估42.80元
40	骰子世界	〔英〕布莱恩·克莱格	预估49.80元
41	人类极简史	〔英〕布莱恩·克莱格	预估49.80元
42	生命新构件	贾乙	预估42.80元

欢迎加入平行宇宙读者群·果壳书斋 QQ:484863244

邮购:重庆出版社天猫旗舰店、渝书坊微商城。

各地书店、网上书店有售。

扫描二维码
可直接购买